Seyyed Mohammad Reza Farshchi

Una introducción avanzada a la inteligencia artificial

Seyyed Mohammad Reza Farshchi

Una introducción avanzada a la inteligencia artificial

La ciencia de la inteligencia artificial

Editorial Académica Española

Imprint

Any brand names and product names mentioned in this book are subject to trademark, brand or patent protection and are trademarks or registered trademarks of their respective holders. The use of brand names, product names, common names, trade names, product descriptions etc. even without a particular marking in this work is in no way to be construed to mean that such names may be regarded as unrestricted in respect of trademark and brand protection legislation and could thus be used by anyone.

Cover image: www.ingimage.com

This book is a translation from the original published under ISBN 978-3-8465-2987-4.

Publisher:
Editorial Académica Española
is a trademark of
Dodo Books Indian Ocean Ltd., member of the OmniScriptum S.R.L Publishing group
str. A.Russo 15, of. 61, Chisinau-2068, Republic of Moldova Europe
Printed at: see last page
ISBN: 978-620-0-33680-4

Los agradecimientos por el apoyo van a lo siguiente:

Dr. Majid Bahrepour-la IOA Semiconductors, Inc,

Dr. M.B Sistani, Departamento de Ingeniería Eléctrica, Universidad
MOP.

La dedicación de este libro es para mi *padre* y mi *madre,* en la medida en que el hecho de la existencia es mágico.

S.M.R. Farshchi

ÍNDICE

Capítulo 1

1. Máquinas inteligentes, o lo que las máquinas pueden hacer?

Los filósofos han estado tratando durante más de dos mil años de entender y resolver dos grandes cuestiones del universo: ¿cómo funciona una mente humana y cómo pueden los no humanos tener mente? Sin embargo, estas preguntas siguen sin respuesta.

Algunos filósofos han retomado el enfoque computacional originado por los informáticos y han aceptado la idea de que las máquinas pueden hacer todo lo que los humanos pueden hacer. Otros se han opuesto abiertamente a esta idea, afirmando que comportamientos tan sofisticados como el amor, el descubrimiento creativo y la elección moral siempre estarán fuera del alcance de cualquier máquina.

La naturaleza de la filosofía permite que los desacuerdos sigan sin resolverse. De hecho, los ingenieros y científicos ya han construido máquinas que podemos llamar"inteligentes". Entonces, ¿qué significa la palabra"inteligencia"? Veamos la definición de un diccionario.

1- La inteligencia de alguien es su capacidad de entender y aprender cosas.

2- La inteligencia es la capacidad de pensar y comprender en lugar de hacer las cosas por instinto o automáticamente.

Así, según la primera definición, la inteligencia es la cualidad que poseen los seres humanos. Pero la segunda definición sugiere un enfoque completamente diferente y da cierta flexibilidad; no especifica si es alguien o algo que tiene la capacidad de pensar y entender. Ahora debemos descubrir lo que significa pensar. Volvamos a consultar nuestro diccionario.

Pensar es la actividad de usar el cerebro para considerar un problema o para crear una idea. Así que, para pensar, alguien o algo tiene que tener un cerebro, o en otras palabras, un órgano que permita a alguien o algo aprender y entender las cosas, resolver problemas y tomar decisiones. Así que podemos definir la inteligencia como"la capacidad de aprender   y comprender, de resolver problemas y de tomar decisiones".

La misma pregunta que pregunta si los ordenadores pueden ser inteligentes, o si las máquinas pueden pensar, vino a nosotros desde la"edad oscura" de la inteligencia artificial (desde finales de los años cuarenta). El objetivo de la inteligencia artificial (IA) como ciencia es hacer que las máquinas hagan cosas que requerirían inteligencia si las hicieran los seres humanos (Boden, 1977). Por lo tanto, la respuesta a la pregunta"¿Pueden las máquinas pensar? Sin embargo, la respuesta no es un simple"sí" o"no", sino más bien una respuesta vaga o difusa. Tu experiencia diaria y tu sentido común te lo habrían dicho. Algunas personas son más inteligentes en algunos aspectos que en otros. A veces tomamos decisiones muy inteligentes, pero a veces también cometemos errores muy tontos. Algunos de nosotros nos enfrentamos a complejos problemas matemáticos y de ingeniería, pero somos unos imbéciles en filosofía e historia. Algunas personas son buenas para ganar dinero, mientras que otras lo gastan mejor. Como seres humanos, todos tenemos la capacidad de aprender y entender, de resolver problemas y de tomar decisiones; sin embargo, nuestras capacidades no son iguales y se encuentran en áreas diferentes. Por lo tanto, debemos esperar que si las máquinas pueden pensar, algunas de ellas podrían ser más inteligentes que otras de alguna manera.

Uno de los primeros y más significativos trabajos sobre inteligencia de máquinas,'Computing machinery and intelligence', fue escrito por el matemático británico Alan Turing hace más de cincuenta años (Turing, 1950). Sin embargo, ha resistido bien la prueba del tiempo y el enfoque de Turing sigue siendo universal.

Alan Turing comenzó su carrera científica a principios de la década de 1930 con el redescubrimiento del Teorema del Límite Central. En 1937 escribió un artículo sobre números computables, en el que proponía el concepto de máquina universal. Más tarde, durante la Segunda Guerra Mundial, fue un actor clave en el desciframiento de Enigma, la máquina de codificación militar alemana. Después de la guerra, Turing diseñó el"Motor de Computación Automática". También escribió el primer programa capaz de jugar una partida de ajedrez completa; más tarde fue implementado en la computadora de la Universidad de Manchester.

El concepto teórico de Turing del ordenador universal y su experiencia práctica en la construcción de sistemas de desciframiento de códigos lo prepararon para abordar la cuestión fundamental clave de la inteligencia artificial. Preguntó: ¿Hay pensamiento sin experiencia? ¿Hay mente sin comunicación? ¿Hay lenguaje sin vida? ¿Hay inteligencia sin vida? Todas estas preguntas, como puede ver, son sólo variaciones de la cuestión fundamental de la inteligencia artificial, ¿Pueden las máquinas pensar?

Turing no proporcionó definiciones de máquinas y pensamientos, sólo evitó los argumentos semánticos inventando un juego, el juego de imitación de Turing. En lugar de preguntar:"¿Pueden las máquinas pensar?", Turing dijo que deberíamos preguntar:"¿Pueden las máquinas pasar una prueba de comportamiento para la inteligencia? Predijo que para el año 2000 se podría programar una computadora para tener una conversación con un interrogador humano durante cinco minutos y que tendría un 30% de posibilidades de engañar al interrogador de que es un ser humano. Turing definió el comportamiento inteligente de un ordenador como la capacidad de alcanzar el rendimiento a nivel humano en tareas cognitivas. En otras palabras, una computadora pasa la prueba si los interrogadores no pueden distinguir la máquina de un humano sobre la base de las respuestas a sus preguntas.

El juego de imitación propuesto por Turing incluía originalmente dos fases. En la primera fase, que se muestra en la figura 1, el interrogador, un hombre y una mujer son colocados en habitaciones separadas y sólo pueden comunicarse a través de un medio neutro, como un terminal remoto. El objetivo del interrogador es averiguar quién es el hombre y quién es la mujer interrogándolos. Las reglas del juego son que el hombre debe intentar engañar al interrogador de que él es la mujer, mientras que la mujer tiene que convencer al interrogador de que ella es la mujer.

En la segunda fase del juego, mostrada en la Figura 2, el hombre es reemplazado por una computadora programada para engañar al interrogador como lo hizo el hombre. Incluso estaría programado para cometer errores y proporcionar respuestas confusas como lo haría un humano. Si

la computadora puede engañar al interrogador tan a menudo como lo hizo el hombre, podemos decir que esta computadora ha pasado la prueba de comportamiento inteligente.

La simulación física de un humano no es importante para la inteligencia. Por lo tanto, en la prueba de Turing, el interrogador no ve, no toca ni oye el ordenador y, por lo tanto, no se ve influenciado por su apariencia ni por su voz. Sin embargo, el interrogador puede hacer cualquier pregunta, incluso las más provocativas, para identificar la máquina. El interrogador puede, por ejemplo, pedir tanto al humano como a la máquina que realicen cálculos matemáticos complejos, esperando que el ordenador proporcione una solución correcta y lo haga más rápido que el humano.

Por lo tanto, la computadora necesitará saber cuándo cometer un error y cuándo retrasar su respuesta. El interrogador también puede intentar descubrir la naturaleza emocional del ser humano y, por lo tanto, puede pedir a ambos sujetos que examinen una novela corta o un poema o incluso una pintura. Obviamente, aquí se necesitará la computadora para simular la comprensión emocional de la obra por parte de un ser humano.

La prueba de Turing tiene dos cualidades notables que la hacen realmente universal.

☐ Al mantener la comunicación entre el ser humano y la máquina a través de terminales, la prueba nos da una visión objetiva y estándar de la inteligencia. Evita los debates sobre la naturaleza humana de la inteligencia y elimina cualquier sesgo a favor de los humanos.

☐ La prueba en sí es bastante independiente de los detalles del experimento. Puede llevarse a cabo como un juego de dos fases, como se acaba de describir, o incluso como un juego de una sola fase en el que el interrogador debe elegir entre el humano y la máquina desde el principio de la prueba. El interrogador también es libre de hacer cualquier pregunta en cualquier campo y puede concentrarse únicamente en el contenido de las respuestas proporcionadas.

Figura 1. Juego de imitación de Turing: fase 1.

Figura 2. Juego de imitación de Turing: fase 2

Turing creía que a finales del siglo XX sería posible programar un ordenador digital para jugar al juego de imitación. Aunque las computadoras modernas todavía no pueden pasar la prueba de Turing, ésta proporciona una base para la verificación y validación de los sistemas basados en el conocimiento. Un programa que se considera inteligente en un área de especialización limitada se evalúa comparando su desempeño con el desempeño de un experto humano.

Nuestro cerebro almacena el equivalente de más de 1018 bits y puede procesar información al equivalente de unos 1015 bits por segundo. Para el 2020, el cerebro probablemente estará

modelado por un chip del tamaño de un terrón de azúcar - y quizás para entonces haya una computadora que pueda jugar -incluso ganar- el juego de imitación de Turing. Sin embargo, ¿realmente queremos que la máquina realice cálculos matemáticos tan lenta e inexactamente como lo hacen los humanos? Desde un punto de vista práctico, una máquina inteligente debe ayudar a los seres humanos   a tomar decisiones, a buscar información, a controlar objetos complejos y, finalmente, a comprender el significado de las palabras. Probablemente no tiene sentido tratar de lograr el objetivo abstracto y elusivo de desarrollar máquinas con una inteligencia similar a la humana. Para construir un sistema informático inteligente, tenemos que captar, organizar y utilizar los conocimientos de los expertos humanos en un área de especialización muy limitada.

1.1. ¿Qué es la IA?

La inteligencia artificial es el proceso de creación de máquinas que pueden actuar de una manera que el ser humano puede considerar inteligente. Esto podría estar exhibiendo características humanas, o comportamientos mucho más simples como la capacidad de sobrevivir en ambientes dinámicos.

Para algunos, el resultado de este proceso es lograr una mejor comprensión de nosotros mismos. Para otros, será la base a partir de la cual diseñaremos sistemas que actúen de forma inteligente. En cualquier caso, la IA tiene el potencial de cambiar nuestro mundo como ninguna otra tecnología.

En su infancia, los investigadores de la IA prometieron demasiado y no hicieron lo suficiente. El desarrollo de sistemas inteligentes en los primeros días fue visto como una meta al alcance de la mano, aunque nunca se materializó. Hoy en día, las afirmaciones de AI son mucho más prácticas. La IA se ha dividido en ramas, cada una con objetivos y aplicaciones diferentes.

El problema con la IA es que las tecnologías que se investigan bajo el paraguas de la IA se vuelven comunes una vez que se introducen en los productos principales y se convierten en herramientas estándar. Por ejemplo, construir una máquina que pudiera entender el habla humana se consideraba una tarea de inteligencia artificial. Ahora el proceso que incluye tecnologías como las redes neuronales y los modelos de Markov ocultos son comunes. Ya no se considera

AI. Rodney Brooks describe esto como "el efecto AI". Una vez que una tecnología de IA se utiliza, ya no es IA. Por esta razón, el acrónimo de la IA también ha sido acuñado como "Casi Implementado", ya que una vez hecho ya no es mágico, es sólo una práctica común.

1.2. La línea de tiempo moderna de la IA

Aunque se podrían escribir volúmenes sobre la historia y la progresión de la IA, esta sección intentará centrarse en algunas de las épocas importantes del avance de la IA, así como en los pioneros que le dieron forma. Para poner la progresión en perspectiva, nos centraremos en una breve lista de algunas de las ideas modernas de la IA a partir de la década de 1940.

1.2.1. 1940 - El nacimiento de la computadora

La era de las máquinas inteligentes llegó poco después del desarrollo de las primeras máquinas informáticas. Muchas de las primeras computadoras fueron construidas para descifrar las cifras enemigas de la Segunda Guerra Mundial, que se utilizaron para encriptar las comunicaciones. En 1940, Robinson se construyó como la primera computadora operativa con relés electromagnéticos. Su propósito era la decodificación de las comunicaciones militares alemanas encriptadas por la máquina Enigma. Robinson fue nombrado en honor al diseñador de artilugios de dibujos animados, Heath Robinson. Tres años más tarde, los tubos de vacío reemplazaron los relés electromecánicos para construir el Coloso. Esta computadora más rápida fue construida para descifrar códigos cada vez más complejos. En 1945, el más conocido ENIAC fue creado en la Universidad de Pennsylvania por el Dr. John W. Mauchly y J. P. Eckert, Jr. El objetivo de esta computadora era calcular las mesas de fuego balístico de la Primera Guerra Mundial.

Las redes neuronales con bucles de retroalimentación fueron construidas por Walter

Pitts y Warren McCulloch en 1945 para mostrar cómo se podían usar para calcular. Estas primeras redes neuronales eran electrónicas en su encarnación y ayudaron a alimentar el entusiasmo por la técnica. Al mismo tiempo, Norbert Wiener creó el campo de la cibernética, que incluía una teoría matemática de la retroalimentación en sistemas biológicos y de ingeniería. Un aspecto importante de este descubrimiento fue el concepto de que la inteligencia es el proceso de recibir y procesar información para lograr objetivos.

Finalmente, en 1949, Donald Hebbs introdujo una forma de proporcionar capacidades de aprendizaje a las redes neuronales artificiales. Llamado aprendizaje hebreo, el proceso ajusta los pesos de la red neuronal de tal manera que su salida refleja su familiaridad con una entrada. Aunque existían problemas con el método, casi todos los procedimientos de aprendizaje sin supervisión son de naturaleza hebrea.

1.2.2. Los años cincuenta: el nacimiento de la IA

En la década de 1950 comenzó el nacimiento moderno de la IA. Alan Turing propuso el "Turing Test" como una forma de reconocer la inteligencia de las máquinas. En la prueba, una o más personas planteaban preguntas a dos entidades ocultas y, basándose en las respuestas, determinaban qué entidad era humana y cuál no. Si el panel no puede identificar correctamente la máquina imitando al ser humano, puede considerarse inteligente. Aunque controvertido, existe una forma de la Prueba de Turing llamada "Premio Loebner" como un concurso para encontrar al mejor imitador de la conversación humana.

La IA en la década de 1950 era principalmente de naturaleza simbólica. Se descubrió que las computadoras durante esta era podían manipular tanto símbolos como datos numéricos. Esto llevó a la construcción de una serie de programas como el Logic Theorist (de Newell, Simon y Shaw) para probar teoremas y el General Problem Solver (Newell y Simon) para el análisis de final de medios. Quizás el mayor desarrollo de aplicaciones en la década de 1950 fue un programa de juego de damas (de Arthur Samuel) que finalmente aprendió a vencer a su creador.

También se desarrollaron dos idiomas de IA en la década de 1950. El primero,

Information Processing Language (o IPL) fue desarrollado por Newell, Simon, y Shaw para el proyecto construcción del Teórico Lógico. IPL era un lenguaje de procesamiento de listas y condujo al desarrollo del lenguaje más comúnmente conocido, LISP. El LISP se desarrolló a finales de los años 50 y pronto reemplazó a la IPL como el lenguaje preferido para las aplicaciones de IA. El LISP fue desarrollado en el laboratorio de IA del MIT por John McCarthy, quien fue uno de los primeros pioneros   del IA.

John McCarthy acuñó el nombre AI como parte de una propuesta para la conferencia de Dartmouth sobre AI. En 1956, los investigadores de la IA temprana se reunieron en el Dartmouth College para discutir sobre las máquinas de pensamiento. Como parte de la propuesta de McCarthy, escribió:

El estudio debe proceder sobre la base de la conjetura de que cada aspecto del aprendizaje o cualquier otra característica de la inteligencia puede, en principio, describirse con tanta precisión que se puede hacer que una máquina la simule. Se intentará encontrar la manera de hacer que las máquinas utilicen el lenguaje, formen abstracciones y conceptos, resuelvan problemas que ahora están reservados a los humanos y se mejoren a sí mismas.

La conferencia de Dartmouth reunió por primera vez a los primeros investigadores de la IA, pero no llegó a una visión común de la IA.

A finales de la década de 1950, John McCarthy y Marvin Minsky fundaron el Laboratorio de Inteligencia Artificial en el MIT, aún en funcionamiento.

1.2.3. Los años sesenta: el auge de la IA

En la década de 1960, se produjo una expansión de la IA debido a los avances en la tecnología informática y a un número cada vez mayor de investigadores que se centran en el área. Quizás el mayor indicador de que el sexo anal había alcanzado un nivel de aceptabilidad fue la aparición de críticos. Dos libros escritos durante este período incluyeron *Computadoras* de Mortimer Taube *y Sentido Común: The Myth of Thinking Machines*, y *Alchemy and AI* (estudio de la corporación RAND) de Hubert y Stuart

Dreyfus.

La representación del conocimiento fue un tema importante durante la década de 1960, ya que la IA fuerte continuó siendo uno de los temas principales en la investigación de la IA. Se construyeron mundos de juguete, como el "Proyecto Microworld Bloques de Minsky y Papert" en el MIT y el SHRDLU de Terry Winograd para proporcionar pequeños entornos confinados para probar ideas sobre visión por ordenador, robótica y procesamiento del lenguaje natural.

John McCarthy fundó el Laboratorio de Inteligencia Artificial de la Universidad de Stanford a principios de la década de 1960, que, entre otras cosas, dio como resultado el robot móvil Shakey que podía navegar por un mundo de bloques y seguir instrucciones sencillas.

La investigación de la red neuronal floreció hasta finales de la década de 1960 tras la publicación de Minsky y *Perceptrons* de Papert: *Introducción a la Geometría Computacional*. Los autores identificaron las limitaciones de las percepciones simples de una sola capa, lo que resultó en una severa reducción del financiamiento en la investigación de redes neuronales durante más de una década.

Quizás el aspecto más interesante de la IA en los años sesenta fue la representación de la IA en el futuro en el libro de Arthur C. Clarke, y en la película de Stanley Kubrick basada en el libro, *2001: A Space Odyssey*. HAL, una computadora inteligente a bordo de una nave espacial con destino a Júpiter, asesinó a la mayoría de la tripulación por paranoia por su propia supervivencia.

1.2.4. Década de 1970 - La caída de la IA

La década de 1970 representó la caída de la IA después de una incapacidad para satisfacer expectativas irracionales. Las aplicaciones prácticas de la IA eran todavía raras, lo que agravaba los problemas de financiación de la IA en el MIT, Stanford y Carnegie Mellon. La financiación de la investigación de la IA también se redujo al mínimo en Gran Bretaña más o menos al mismo tiempo. Afortunadamente, la investigación continuó con una serie de desarrollos importantes. Doug Lenet de la Universidad de Stanford creó el Matemático Automatizado (AM) y más tarde EURISKO para descubrir nuevas teorías dentro de las matemáticas. AM redescubrió con éxito la teoría de números, pero basándose en una cantidad limitada de heurísticas codificadas, alcanzó un techo en su capacidad de descubrimiento. EURISKO, el esfuerzo de seguimiento de Lenet, se construyó teniendo en cuenta las limitaciones de AM y pudo identificar su heurística propia, así como determinar cuáles eran útiles y cuáles no. Las primeras aplicaciones prácticas de la lógica difusa aparecieron a principios de los años 70 (aunque Lotfi Zadeh creó el concepto en los años 60). El control difuso se aplicó a la operación de una máquina de vapor en el Queen Mary College y fue la primera de numerosas aplicaciones de lógica difusa para el control de procesos.

La creación de lenguajes para la IA continuó en la década de 1970 con el desarrollo de Prolog (PROgrammation en LOGique, o Programación en lógica). Prolog fue muy adecuado para el desarrollo de programas que manipulan símbolos (en lugar de realizar cálculos numéricos) y opera con reglas y hechos. Si bien Prolog proliferó fuera de los Estados Unidos, el LISP mantuvo su prestigio como el idioma preferido para las aplicaciones de IA. El desarrollo de la IA para juegos continuó en la década de 1970 con la creación de un programa de backgammon en Carnegie Mellon. El programa jugó tan bien que derrotó al campeón mundial de backgammon, Luigi Villa de Italia. Esta fue la primera vez que una computadora derrotó a un humano en un complejo juego de mesa.

1.2.5. 1980 - Un boom de la IA y un busto

La década de 1980 fue prometedora para la IA, ya que las ventas de hardware y software basados en la IA superaron los 400 millones de dólares en 1986. Gran parte de estos ingresos provenían de la venta de computadoras LISP o sistemas expertos que poco a poco fueron mejorando y abaratando.

Los sistemas expertos fueron utilizados por una gran variedad de empresas y en varios escenarios, como la prospección minera, el asesoramiento de carteras de inversión y una serie de aplicaciones especializadas, como el diagnóstico de locomotoras eléctricas en GE. También se identificaron los límites de los sistemas expertos, a medida que sus bases de conocimiento se ampliaban y se hacían más complejas. Por ejemplo, el XCON (configurador de sistemas) de Digital Equipment Corporation alcanzó las 10.000 reglas y demostró ser muy difícil de mantener.

Las redes neuronales también experimentaron un renacimiento en la década de 1980. Las redes neuronales encontraron aplicaciones para una variedad de problemas diferentes como el reconocimiento del habla y otros problemas que requieren aprendizaje.

Desafortunadamente, en la década de 1980 se produjo un aumento y una disminución de la IA. Esto se debió principalmente a los fallos de los sistemas expertos. Sin embargo, muchas otras aplicaciones de IA mejoraron mucho durante la década de 1980. Por ejemplo, los sistemas de reconocimiento de voz podrían funcionar de forma independiente (utilizados por más de un hablante sin formación explícita), soportar un gran vocabulario y funcionar de forma continua (permitiendo que el hablante hable de forma normal en lugar de inicios y paradas de palabras).

1.2.6. De 1990 a la actualidad: IA vuelve a subir, en silencio

La década de 1990 introdujo una nueva era en las aplicaciones débiles de la IA (véase el Cuadro 1). Se descubrió que construir un producto que integre la IA no es algo que se busca porque incluye una tecnología de IA, sino porque resuelve un problema de manera más eficiente o efectiva que con los métodos tradicionales. Por lo tanto, AI encontró integración en un mayor número de aplicaciones, pero sin fanfarria.

Un acontecimiento notable para la IA de juegos que tuvo lugar en 1997 fue el desarrollo del programa de ajedrez de IBM *Deep Blue* (desarrollado originalmente en Carnegie Mellon). Este programa, que se ejecuta en un superordenador paralelo, fue capaz de vencer a Gary Kasparov, el campeón mundial de ajedrez.

Otro evento interesante de IA a finales de los años 90 ocurrió a más de 60 millones de millas de la Tierra. El Deep Space 1 (DS1) fue creado para probar 12 tecnologías de alto riesgo, incluyendo un sobrevuelo de cometas y métodos de prueba para futuras misiones espaciales. DS1 incluía un sistema de inteligencia artificial llamado Remote Agent, al que se le entregó el control del una nave espacial por un corto periodo de tiempo. Este trabajo era realizado comúnmente por un equipo de científicos a través de un conjunto de terminales de control en tierra. El objetivo del Remote Agent era demostrar que un sistema inteligente podía proporcionar capacidades de control para una nave espacial compleja, permitiendo a los científicos y a los equipos de control de la nave concentrarse en elementos específicos de la misión.

1.2.7. Ramas de IA

Aunque es difícil definir un conjunto de ramas únicas de técnicas y métodos de IA, en la Tabla 2 se proporciona una taxonomía estándar. Algunos de los elementos representan problemas, mientras que otros representan soluciones, pero la lista representa un buen punto de partida para entender mejor el dominio de la IA.

Tabla 2: Ramas de la Inteligencia Artificial

Programación automáticaEspecifique el   comportamiento, permita que el sistema AI

escriba el programa Bayesian NetworksBuilding   networks with probabilistic

information

Satisfacción con las limitacionesSolución de problemas   completos de NP utilizando una variedad de técnicas

Ingeniería del ConocimientoTransformación del   conocimiento humano en una forma que un ordenador

puede entender

Machine LearningProgramas   que aprenden de experiencias   pasadas

Redes neuronales   Programas de modelado que están estructurados como

cerebros de mamíferos Sistemas de Planificación que identifican la mejor secuencia de

acciones para alcanzar una

objetivo determinado

BúsquedaEncontrar   una ruta desde un estado de inicio a un estado de   objetivo

Tocaremos todos estos temas dentro de este libro, ilustrando no sólo la tecnología, sino también el código fuente en lenguaje C que ilustra la técnica para resolver   un problema de ejemplo.

1.2.8. Investigadores clave

Aunque muchos investigadores han desarrollado el IA en el campo que es hoy en día, esta sección intentará discutir una pequeña muestra representativa de esos pioneros y sus contribuciones.

1.2.8.1. Alan Turing

El matemático británico Alan Turing introdujo por primera vez la idea de que todos los problemas solucionables por el ser humano pueden reducirse a un conjunto de algoritmos. Esto abrió la puerta a la   idea de que el pensamiento mismo podría ser algorítmicamente reducible, y por lo tanto las máquinas podrían ser programadas para imitar a los humanos en el pensamiento y quizás en la conciencia. Al llegar a   esta conclusión, Alan Turing creó la Turing Machine, que podía imitar el funcionamiento de cualquier otra máquina de computación. Más tarde, Alan Turing propuso el Turing Test para proporcionar los medios para reconocer la inteligencia de la máquina.

1.2.8.2. John McCarthy

John McCarthy no sólo es uno de los primeros investigadores de la IA, sino que continúa su investigación hoy en día como miembro principal de la Institución Hoover en la Universidad de Stanford. Co-fundó el Laboratorio de IA del MIT, fundó el Laboratorio de IA de Stanford y organizó la primera conferencia sobre IA en 1956 (Conferencia de Dartmouth). Su investigación nos ha traído el lenguaje LISP, considerado la primera opción de desarrollo de software simbólico de IA en la actualidad. Los sistemas informáticos de tiempo compartido, incluida la capacidad de demostrar matemáticamente la exactitud de los programas informáticos, fueron una invención temprana de John McCarthy.

1.2.8.3. Marvin Minsky

Marvin Minsky ha sido uno de los investigadores más prolíficos en el campo de la IA, así como muchos otros. Actualmente es profesor de Toshiba de Artes y Ciencias de los Medios de Comunicación.

en el MIT donde, junto con John McCarthy, fundó el Laboratorio de Inteligencia Artificial del MIT en 1958. Marvin Minsky ha escrito trabajos seminales en una variedad de campos, incluyendo redes neuronales, representación del conocimiento y psicología cognitiva. Creó el concepto de IA de marcos que modelaban fenómenos en la cognición, la comprensión del lenguaje y la percepción visual. El profesor Minsky también construyó la primera máquina de aprendizaje de la red neuronal de hardware y construyó la primera tortuga LOGO.

1.2.8.4. Arthur Samuel

Arthur Samuel (1901-1990) fue uno de los primeros pioneros en el aprendizaje automático y la inteligencia artificial. Tuvo una larga e ilustre carrera como educador e ingeniero, y se le conocía por ser útil y modesto en sus logros. Samuel es más conocido por su programa de juego de damas, desarrollado en 1957. Este fue uno de los primeros ejemplos de un programa inteligente jugando un juego complejo. El programa no sólo resultó en derrotar a Samuel, sino que también derrotó al cuarto jugador de damas de la nación. Los documentos de Samuel sobre el aprendizaje automático siguen siendo considerados como una lectura que vale la pena.

1.2.9. Cuestiones filosóficas, morales y sociales

Muchas cuestiones filosóficas siguieron la idea de crear una inteligencia artificial. Por ejemplo, ¿es realmente posible crear una máquina que pueda pensar cuando realmente no entendemos el proceso de pensar nosotros mismos? ¿Cómo clasificaríamos una máquina como inteligente? Si simplemente actúa de forma inteligente, ¿está consciente? En otras palabras, si se creara una máquina inteligente, ¿sería inteligente o simplemente imitaría lo que percibimos como inteligente?

Muchos creen ahora que las emociones juegan un papel en la inteligencia, y por lo tanto sería imposible crear una máquina inteligente sin también darle emoción. Puesto que culpamos a muchas de nuestras pobres decisiones de las emociones, ¿podríamos, a sabiendas, impartir afecto a nuestra máquina inteligente sabiendo el efecto que podría tener? ¿Proporcionaríamos todos los emociones, imitando nuestra propia situación, o siendo más selectivos? La obra de Arthur C. Clarke *2001: A Space* *Odyssey* ofrece un ejemplo interesante de este problema.

Más allá de los temores de crear una inteligencia artificial que nos convierta en sus sirvientes, muchas otras cuestiones morales deben ser respondidas si se crea una máquina inteligente. Por ejemplo, si los científicos logran construir una máquina inteligente que imita el pensamiento humano y se considera consciente, ¿podríamos apagarla?

1.2.10. Papel de la IA y de los Sistemas Expertos en Ingeniería

Ya se ha visto que diferentes tareas en la resolución de problemas de ingeniería requieren diferentes herramientas computacionales. La inferencia o deducción de un conjunto de hechos, que simulan la toma de decisiones inteligentes, juega un papel importante en muchas tareas de resolución de problemas. Por ejemplo, la fase de diseño es una actividad de toma de decisiones muy creativa. La creatividad implica la capacidad de producir soluciones novedosas que son mejores que las soluciones anteriores. Las herramientas computacionales que asisten a los diseñadores deben ser tales que hagan a los diseñadores más creativos.

Así como la creatividad está ligada a la inteligencia y experiencia que tiene el diseñador, las herramientas computacionales que ayudan a los diseñadores a ser más creativos también deben tener inteligencia incorporada y deben ser capaces de utilizar el conocimiento experto del dominio del problema para la toma de decisiones. La IA y la tecnología de sistemas expertos, junto con herramientas como GAs (Genetic Algorithms) y ANNs (Artificial Neural Networks), proporcionan técnicas para simular la inteligencia en la toma de decisiones, la evolución y el aprendizaje en ordenadores. Al igual que el diseño, actividades como la planificación y la gestión también pueden mejorarse con el uso de herramientas inteligentes.

El desarrollo de soluciones integrales de software en muchas disciplinas de ingeniería requiere una integración sin fisuras de diferentes tipos de herramientas computacionales. Técnicas sencillas de la tecnología de los sistemas basados en el conocimiento, como la descomposición de problemas, la organización del conocimiento en diferentes formas y a diferentes niveles, y

El fácil control del procesamiento de conocimientos proporciona técnicas ideales para la integración sin problemas de diferentes tareas en una aplicación. Además, la adaptación de la resolución de problemas a diferentes entornos y requisitos puede lograrse fácilmente utilizando técnicas proporcionadas por AI y sistemas expertos.

Cualquier proceso de resolución de problemas debe ser transparente para el ingeniero. Esto requiere que el modelo adoptado sea sencillo y que el proceso se lleve a cabo de la manera más natural. Minimiza el número de transformaciones por las que atraviesa la información, lo que resulta en la retención de la claridad y la simplicidad de la implementación. Los modelos de resolución de problemas adoptados varían en función de las tareas que constituyen el problema, el tipo de información utilizada para su tratamiento, el método de resolución de las diferentes tareas y la naturaleza del flujo de datos de una tarea a otra. Además, se pueden aplicar diferentes modelos a la misma tarea; la selección del modelo se decide por el número de factores que caracterizan al dominio. Considere, por ejemplo, una tarea de diseño. La mayoría de los procesos de diseño en ingeniería siguen la filosofía de generar y probar, en la cual las soluciones son generadas primero, y luego evaluadas para diferentes requerimientos funcionales. Los modelos numéricos utilizados en las técnicas de optimización pueden ser utilizados para generar soluciones de diseño.

También se pueden emplear diferentes técnicas de búsqueda basadas en la IA para generar diseños. Algunas técnicas generan sólo una solución a la vez, mientras que otras técnicas generan simultáneamente muchas soluciones viables.

Las técnicas de optimización matemática y los sistemas expertos basados en reglas generan una sola solución para la evaluación.

Las AG y la síntesis de diseño pueden generar muchas soluciones viables, lo que resulta en una selección de soluciones de diseño para que los diseñadores las seleccionen. La técnica de razonamiento basada en casos utiliza soluciones pasadas almacenadas en una base de casos para generar una solución para el requisito actual. Es la naturaleza del dominio del problema y el tamaño de grano de los requisitos funcionales lo que decide la idoneidad de un modelo a utilizar para una tarea. Similar es el caso con la evaluación. Dependiendo de la naturaleza del conocimiento, los datos y la interacción entre ellos, se pueden utilizar diferentes modelos para evaluar o criticar un diseño o un plan generado. Los desarrollos que tuvieron lugar en la IA y la resolución de problemas de ingeniería en los últimos años dieron lugar a la aparición de muchos modelos computacionales para diferentes tareas de ingeniería. El libro trata en detalle los conceptos, la arquitectura y los problemas de implementación, con ejemplos de la vida real de muchos de estos modelos basados en la IA.

En el mundo real de las aplicaciones informáticas en ingeniería, la tendencia actual es integrar las diversas tareas de un problema dado. Dependiendo del tipo de tarea, el conocimiento y el procesamiento requerido puede implicar el uso de modelos numéricos, sistemas de bases de datos, herramientas de visualización y modelos de toma de decisiones para proporcionar soluciones que requieren experiencia humana. Así, para abordar un amplio espectro de tareas, la IA y las tecnologías de sistemas expertos proporcionan las herramientas de software necesarias para integrar los diversos procesos   de construcción de sistemas basados en el conocimiento para la ingeniería asistida por ordenador[23]. Para satisfacer estas demandas del futuro, la IA y las metodologías de sistemas expertos se presentan en los siguientes capítulos del libro. Estas metodologías y herramientas asociadas serán necesarias para proporcionar soluciones a diversas tareas y para construir sistemas integrados de ingeniería asistida por ordenador.

1.2.11. La tecnología de los sistemas expertos, o la clave del éxito

Probablemente el desarrollo más importante en la década de 1970 fue la comprensión de que el dominio de los problemas para las máquinas inteligentes tenía que ser suficientemente restringido. Anteriormente, los investigadores de la IA habían creído que se podían   inventar algoritmos de búsqueda inteligentes y técnicas de razonamiento para emular los métodos generales de resolución de problemas similares a los humanos. Un mecanismo de búsqueda de propósito general podría basarse en pasos de razonamiento elemental para encontrar soluciones completas y podría utilizar un conocimiento débil sobre el dominio. Sin embargo, cuando los métodos débiles fallaron, los investigadores finalmente se dieron cuenta de que la única manera de obtener resultados prácticos era resolver casos típicos en áreas de especialización estrechas mediante la realización de grandes pasos de razonamiento.

El programa DENDRAL es un ejemplo típico de la tecnología emergente (Buchanan et al., 1969). DENDRAL fue desarrollado en la Universidad de Stanford para analizar los productos químicos. El proyecto fue apoyado por la NASA, porque una nave espacial no tripulada iba   a ser lanzada a Marte y se requería un programa para determinar la estructura molecular del suelo marciano, basado en los datos espectrales de masas proporcionados por un espectrómetro de masas. Edward Feigenbaum (antiguo alumno de Herbert Simon), Bruce Buchanan (informático) y Joshua Lederberg (Premio Nobel de genética) formaron un equipo para resolver este difícil problema.

El método tradicional para resolver estos problemas se basa en una técnica de generar y probar: primero se generan todas las estructuras moleculares posibles consistentes con el espectrograma de masas, y luego se determina o predice el espectro de masas para cada estructura y se prueba contra el espectro real.

Sin embargo, este método fracasó porque se podían generar millones de estructuras posibles - el problema se volvió rápidamente insoluble incluso para las moléculas de tamaño decente.

Para añadir a las dificultades del desafío, no había ningún algoritmo científico para mapear el espectro de masas en su estructura molecular. Sin embargo, los químicos analíticos, como Lederberg, podrían resolver este problema utilizando sus habilidades, experiencia y conocimientos. Podrían reducir enormemente el número de estructuras posibles buscando   patrones bien conocidos de picos en el espectro y, por lo tanto, proporcionar sólo unas pocas soluciones viables para un examen más detallado. Por lo tanto, el trabajo de Feigenbaum se convirtió en incorporar la experiencia de Lederberg en un programa de computación para hacerlo funcionar a un nivel de experto humano. Estos programas se denominaron más tarde sistemas expertos. Para entender y adoptar el conocimiento de Lederberg y operar con su terminología, Feigenbaum tuvo que aprender ideas básicas en química y análisis espectral. Sin embargo, se hizo evidente que Feigenbaum no sólo usaba reglas de química, sino también su propia heurística, o reglas generales, basadas en su experiencia, e incluso en conjeturas. Pronto Feigenbaum identificó una de las mayores dificultades del proyecto, que denominó la"adquisición de conocimientos".

cuello de botella": cómo extraer conocimientos de los expertos humanos para aplicarlos a los ordenadores. Para articular su conocimiento, Lederberg incluso necesitaba estudiar lo básico en computación.

Trabajando en equipo, Feigenbaum, Buchanan y Lederberg desarrollaron DENDRAL, el primer sistema exitoso basado en el conocimiento. La clave de su éxito fue el mapeo de todo el conocimiento teórico relevante, desde su forma general hasta las reglas altamente específicas ("recetas de cocina") (Feigenbaum et al., 1971).

La importancia de DENDRAL puede resumirse de la siguiente manera:

DENDRAL marcó un importante `cambio de paradigma' en el IA: un cambio de los métodos débiles, de propósito general y de escaso conocimiento a las técnicas de dominio específico e intensivas en conocimiento.

        ☐   El objetivo del proyecto era desarrollar un programa informático para alcanzar el nivel de rendimiento de un químico humano experimentado. Utilizando la heurística en forma de reglas específicas de alta calidad - reglas generales - obtenidas de expertos humanos, el equipo de DENDRAL demostró que las computadoras pueden igualar a un experto en áreas problemáticas estrechas y definidas.

        ☐   El proyecto DENDRAL dio origen a la idea fundamental de la nueva metodología de sistemas expertos - ingeniería del conocimiento, que incluía técnicas de captura, análisis y expresión en reglas del"know how" de un experto.

DENDRAL demostró ser una herramienta analítica útil para los químicos y se comercializó comercialmente en los Estados Unidos.

El siguiente gran proyecto emprendido por Feigenbaum y otros en la Universidad de Stanford fue en el área de diagnóstico médico. El proyecto, llamado MYCIN, comenzó en 1972. Más tarde se convirtió en la tesis doctoral de Edward Shortliffe (Shortliffe, 1976). MYCIN era un sistema experto basado en normas para el diagnóstico de enfermedades infecciosas de la sangre. También proporcionó a un médico consejos terapéuticos de una manera cómoda y fácil de usar.

☐ MYCIN tenía una serie de características comunes a los primeros sistemas expertos, entre ellas:

☐ MYCIN podría funcionar a un nivel equivalente al de los expertos humanos en la materia y considerablemente mejor que los médicos en formación.

☐ El conocimiento de MYCIN consistía en unas 450 reglas independientes de forma IF- THEN derivadas del conocimiento humano en un dominio estrecho a través de extensas entrevistas con expertos.

☐ El conocimiento incorporado en forma de reglas estaba claramente separado del mecanismo de razonamiento. El desarrollador del sistema podría manipular fácilmente el conocimiento en el sistema insertando o eliminando algunas reglas. Por ejemplo, una versión de MYCIN independiente del dominio llamada EMYCIN (Empty MYCIN) fue producida más tarde en la Universidad de Stanford (van Melle, 1979; van Melle et al., 1981).

Tenía todas las características del sistema MYCIN excepto el conocimiento de las enfermedades infecciosas de la sangre. EMYCIN facilitó el desarrollo de una variedad de aplicaciones de diagnóstico. Los desarrolladores de sistemas sólo tenían que añadir nuevos conocimientos en forma de reglas para obtener una nueva aplicación.

MYCIN también introdujo algunas características nuevas. Las reglas incorporadas en MYCIN reflejaban la incertidumbre asociada al conocimiento, en este caso con el diagnóstico médico. Comprobó las condiciones de las reglas (la parte IF) con los datos disponibles o con los datos solicitados al médico. Cuando era apropiado, MYCIN infería la verdad de una condición a través de un cálculo de incertidumbre llamado factores de certeza. El razonamiento frente a la incertidumbre era la parte más importante del sistema.

Otro sistema probabilístico que generó enorme publicidad fue PROSPECTOR, un sistema experto para la exploración minera desarrollado por el Stanford Research Institute (Duda et al., 1979). El proyecto duró de 1974 a 1983. Nueve expertos aportaron sus conocimientos y experiencia. Para representar su conocimiento,

PROSPECTOR utilizó una estructura combinada que incorporaba reglas y una red semántica. PROSPECTOR tenía más de mil reglas para representar un amplio conocimiento del dominio. También cuenta con un sofisticado paquete de apoyo que incluye un sistema de adquisición de conocimientos.

PROSPECTOR funciona de la siguiente manera. Al usuario, un geólogo de exploración, se le pide   que ingrese las características de un yacimiento sospechoso: el entorno geológico, las estructuras, los tipos de rocas y los minerales. Luego el programa compara estas características con los modelos de yacimientos y, si es necesario, consulta al usuario para obtener información adicional. Finalmente, PROSPECTOR hace una evaluación del yacimiento mineral sospechoso y presenta su conclusión. También puede explicar los pasos que utilizó para llegar a la conclusión.

En geología de exploración, las decisiones importantes se suelen tomar ante la incertidumbre, con conocimientos incompletos o difusos. Para hacer frente a este conocimiento, PROSPECTOR incorporó las reglas de evidencia de Bayes para propagar las incertidumbres a través del sistema. PROSPECTOR realizado a nivel de un geólogo experto y probado en la práctica. En 1980, identificó un yacimiento de molibdeno cerca del Monte Tolman en el Estado de Washington. La perforación posterior de una empresa minera confirmó que el yacimiento tenía un valor de más de 100 millones de dólares. No se puede esperar una mejor justificación para el uso de sistemas expertos.

Los sistemas expertos mencionados anteriormente se han convertido en clásicos. Un número creciente de aplicaciones exitosas de sistemas expertos a finales de la década de 1970 demostró que la tecnología de IA podía pasar con éxito del laboratorio de investigación al entorno comercial. Durante este período, sin embargo, la mayoría de los sistemas expertos se desarrollaron con lenguajes AI especiales, como LISP, PROLOG y OPS, basados en potentes estaciones de trabajo. La necesidad de disponer de un hardware bastante caro y de lenguajes de programación complicados hizo que el reto del desarrollo de sistemas expertos se dejara en manos de unos pocos grupos de investigación de la

Universidad de Stanford, MIT, Stanford Research

44

y la Universidad Carnegie-Mellon. Sólo en la década de 1980, con la llegada de las computadoras personales (PC) y las herramientas de desarrollo de sistemas expertos fáciles de usar (shells), los investigadores e ingenieros comunes de todas las disciplinas pudieron aprovechar la oportunidad de desarrollar sistemas expertos.

Una encuesta realizada en 1986 reveló un número notable de aplicaciones de sistemas expertos en diferentes áreas: química, electrónica, ingeniería, geología, gestión, medicina, control de procesos y ciencias militares (Waterman, 1986). Aunque Waterman encontró cerca de 200 sistemas expertos, la mayoría de las aplicaciones estaban en el campo del diagnóstico médico. Siete años más tarde, una encuesta similar informó que más de 2.500 personas desarrollaron sistemas expertos (Durkin, 1994). La nueva área de crecimiento fue la de negocios y manufactura, que representó alrededor del 60 por ciento de las aplicaciones. La tecnología de sistemas expertos había madurado claramente.

¿Son los sistemas expertos realmente la clave del éxito en cualquier campo? A pesar de un gran número de desarrollos e implementaciones exitosas de sistemas expertos en diferentes áreas del conocimiento humano, sería un error sobreestimar la capacidad de esta tecnología. Las dificultades son bastante complejas y se encuentran tanto en el ámbito técnico como en el sociológico. Entre ellas se incluyen las siguientes:

Los sistemas expertos se limitan a un campo de especialización muy limitado. Por ejemplo, MYCIN, que fue desarrollado para el diagnóstico de enfermedades infecciosas de la sangre, carece de un conocimiento real de la fisiología humana. Si un paciente tiene más de una enfermedad, no podemos confiar en MYCIN. De hecho, la terapia prescrita para la enfermedad de la sangre podría incluso ser dañina debido a la otra enfermedad.

Debido al estrecho dominio, los sistemas expertos no son tan robustos y flexibles como un usuario podría desear. Además, los sistemas expertos pueden tener dificultades para reconocer los límites de los dominios. Cuando se le asigna una tarea diferente a los problemas típicos, un sistema experto puede intentar resolverla y fallar de maneras impredecibles.

. Los sistemas expertos tienen capacidades de explicación limitadas. Pueden mostrar la secuencia de las reglas que aplicaron para alcanzar una solución, pero no pueden relacionar el conocimiento heurístico acumulado con una comprensión más profunda del dominio del problema.

Los sistemas expertos también son difíciles de verificar y validar. Todavía no se ha desarrollado ninguna técnica general para analizar su exhaustividad y coherencia.

Las reglas heurísticas representan el conocimiento en forma abstracta y carecen incluso de una comprensión básica del área del dominio. Hace muy difícil la tarea de identificar los conocimientos incorrectos, incompletos o inconsistentes.

Los sistemas expertos, especialmente la primera generación, tienen poca o ninguna capacidad para aprender de su experiencia. Los sistemas expertos se construyen individualmente y no se pueden desarrollar rápidamente. Puede tomar de cinco a diez años-persona construir un sistema experto para resolver un problema moderadamente difícil (Waterman, 1986). Sistemas complejos como DENDRAL, MYCIN o PROSPECTOR pueden tardar más de 30 años en construirse. Sin embargo, este gran esfuerzo sería difícil de justificar si las mejoras en el rendimiento del sistema de expertos dependieran de una mayor atención por parte de sus desarrolladores.

A pesar de todas estas dificultades, los sistemas expertos han hecho el gran avance y han demostrado su valor en una serie de aplicaciones importantes.

1.2.12. Cómo hacer que una máquina aprenda, o el renacimiento de las redes neuronales

A mediados de la década de 1980, investigadores, ingenieros y expertos descubrieron que la construcción de un sistema experto requería mucho más que simplemente comprar un sistema de razonamiento o una estructura de sistema experto y ponerle suficientes reglas. La desilusión sobre la aplicabilidad de la tecnología de sistemas expertos incluso llevó a que la gente predijera un"invierno" de IA con una financiación muy limitada para los proyectos de IA. Los investigadores de la IA decidieron tener una nueva visión de las redes neuronales.

A finales de la década de 1960, ya se habían formulado la mayoría de las ideas y conceptos básicos necesarios para la computación neural (Cowan, 1990). Sin embargo, sólo a mediados de los años ochenta surgió la solución. La razón principal del retraso fue tecnológica: no había PCs o estaciones de trabajo poderosas para modelar y experimentar con redes neuronales artificiales. Las otras razones eran psicológicas y financieras. Por ejemplo, en 1969, Minsky y Papert habían demostrado matemáticamente las limitaciones computacionales fundamentales de las percepciones de una sola capa (Minsky y Papert, 1969). También dijeron que no había razón para esperar que las percepciones multicapa más complejas representaran mucho. Esto ciertamente no animaría a nadie a trabajar en los perceptrones, y como resultado, la mayoría de los investigadores de la IA abandonaron el campo de las redes neuronales artificiales en la década de 1970.

En la década de 1980, debido a la necesidad de un procesamiento de información similar al del cerebro, así como a los avances de la tecnología informática y al progreso de la neurociencia, el campo de las redes neuronales experimentó un resurgimiento dramático. Las principales contribuciones tanto a la teoría como al diseño se hicieron en varios frentes. Grossberg estableció un nuevo principio de autoorganización (teoría de la resonancia adaptativa), que proporcionó la base para una nueva clase de redes neuronales (Grossberg, 1980). Hopfield introdujo redes neuronales con retroalimentación
- Las redes de Hopfield, que atrajeron mucha atención en la década de 1980 (Hopfield, 1982). Kohonen publicó un artículo sobre mapas autoorganizados (Kohonen, 1982). Barto, Sutton y Anderson publicaron su trabajo sobre el aprendizaje del refuerzo y su aplicación en el control (Barto et al., 1983). Pero el verdadero avance llegó en 1986 cuando el algoritmo de aprendizaje de propagación inversa, introducido por primera vez por Bryson y Ho en 1969 (Bryson y Ho, 1969), fue reinventado por Rumelhart y McClelland en el Procesamiento Distribuido en Paralelo: Exploraciones en las microestructuras de la cognición (Rumelhart y McClelland, 1986). Al mismo tiempo, Parker (Parker, 1987) y LeCun (LeCun, 1988) también descubrieron el aprendizaje de la propagación inversa, y desde entonces se ha convertido en la técnica más popular para la formación de

percepciones multicapa. En 1988, Broomhead y Lowe encontraron un procedimiento para diseñar redes de alimentación por capas utilizando funciones de base radial, una alternativa a las percepciones multicapa (Broomhead y Lowe, 1988).

Las redes neuronales artificiales han recorrido un largo camino desde los primeros modelos de McCulloch y Pitts hasta convertirse en un tema interdisciplinario con raíces en las neurociencias, la psicología, las matemáticas y la ingeniería, y continuarán desarrollándose tanto en teoría como en aplicaciones prácticas. Sin embargo, el trabajo de Hopfield (Hopfield, 1982) y el libro de Rumelhart y McClelland (Rumelhart y McClelland, 1986) fueron las obras más significativas e influyentes responsables del renacimiento de las redes neuronales en la década de 1980.

1.2.13. Cálculo evolutivo o aprendizaje mediante la práctica

La inteligencia natural es un producto de la evolución. Por lo tanto, mediante la simulación de la evolución biológica, podríamos esperar descubrir cómo los sistemas vivos son impulsados hacia la inteligencia de alto nivel. La naturaleza aprende haciendo; a los sistemas biológicos no se les dice cómo adaptarse a un entorno específico - simplemente compiten por la supervivencia. Las especies más aptas tienen más posibilidades de reproducirse y, por lo tanto, de transmitir su material genético a la siguiente generación.

El enfoque evolutivo de la inteligencia artificial se basa en los modelos computacionales de selección natural y genética. La computación evolutiva funciona simulando una población de individuos, evaluando su desempeño, generando una nueva población y repitiendo este proceso varias veces.

La computación evolutiva combina tres técnicas principales: algoritmos genéticos, estrategias evolutivas y programación genética.

El concepto de algoritmos genéticos fue introducido por John Holland a principios de la década de 1970 (Holland, 1975). Desarrolló un algoritmo para manipular'cromosomas' artificiales (cadenas de dígitos binarios), utilizando operaciones genéticas tales como selección, cruzamiento y mutación. Los algoritmos genéticos se basan en una sólida base teórica del Teorema del Esquema (Holland, 1975; Goldberg,

1989).

A principios de los años sesenta, independientemente de los algoritmos genéticos de Holanda, Ingo Rechenberg y Hans-Paul Schwefel, estudiantes de la Universidad Técnica de Berlín, propusieron un nuevo método de optimización llamado estrategias evolutivas (Rechenberg, 1965). Las estrategias evolutivas fueron diseñadas específicamente para resolver problemas de optimización de parámetros en ingeniería. Rechenberg y Schwefel sugirieron usar cambios aleatorios en los parámetros, como sucede en la mutación natural. De hecho, un enfoque de estrategias evolutivas puede ser considerado como una alternativa a la intuición del ingeniero. Las estrategias evolutivas utilizan un procedimiento de optimización numérica, similar a una búsqueda centrada en Monte Carlo.

Tanto los algoritmos genéticos como las estrategias evolutivas pueden resolver una amplia gama de problemas. Proporcionan soluciones robustas y fiables para problemas de búsqueda y optimización altamente complejos y no lineales que antes no podían resolverse en absoluto (Holland, 1995; Schwefel, 1995).

La programación genética representa una aplicación del modelo genético de aprendizaje a la programación. Su objetivo es evolucionar no como una representación codificada de algún problema, sino como un código de computadora que resuelva el problema. Es decir, la programación genética genera programas informáticos como solución.

El interés en la programación genética fue estimulado en gran medida por John Koza en la década de 1990 (Koza, 1992, 1994). Utilizó operaciones genéticas para manipular el código simbólico que representaba a los programas de LISP. La programación genética ofrece una solución al principal reto de la informática: hacer que los ordenadores resuelvan problemas sin estar programados explícitamente.

Los algoritmos genéticos, las estrategias evolutivas y la programación genética representan áreas de la IA en rápido crecimiento y tienen un gran potencial.

1.2.14. La nueva era de la ingeniería del conocimiento, o computación con palabras

53

La tecnología de redes neuronales ofrece una interacción más natural con el mundo real que los sistemas basados en el razonamiento simbólico. Las redes neuronales pueden aprender, adaptarse a los cambios en el entorno de un problema, establecer patrones en situaciones en las que no se conocen las reglas y tratar con información difusa o incompleta. Sin embargo, carecen de medios de explicación y suelen actuar como una caja negra. El proceso de formación de las redes neuronales con las tecnologías actuales es lento, y el reentrenamiento frecuente puede causar serias dificultades.

Aunque en algunos casos especiales, especialmente en situaciones de escasez de conocimientos, las RNA pueden resolver problemas mejor que los sistemas expertos, las dos tecnologías ya no compiten entre sí. Se complementan muy bien.

Los sistemas expertos clásicos son especialmente buenos para aplicaciones de sistema cerrado con entradas precisas y salidas lógicas. Utilizan el conocimiento experto en forma de reglas y,   si es necesario, pueden interactuar con el usuario para establecer un hecho particular. Un inconveniente importante es que los expertos humanos no siempre pueden expresar sus conocimientos en términos de reglas o explicar la línea de su razonamiento. Esto puede impedir que el sistema experto acumule los conocimientos necesarios y, en consecuencia, llevar a su fracaso. Para superar esta limitación, la computación neuronal puede utilizarse para extraer conocimientos ocultos en grandes conjuntos de datos y obtener reglas para sistemas expertos (Medsker y Leibowitz, 1994; Zahedi, 1993). Las RNA también pueden utilizarse para corregir reglas en sistemas expertos tradicionales basados en reglas (Omlin y Giles, 1996). En otras palabras, cuando el conocimiento adquirido es incompleto, las redes neuronales pueden refinar el conocimiento, y cuando el conocimiento es inconsistente con algunos datos dados, las redes neuronales pueden revisar las reglas.

Otra tecnología muy importante que trata con conocimientos y datos vagos, imprecisos e inciertos es la lógica difusa. La mayoría de los métodos de manejo de la imprecisión en los sistemas expertos clásicos se basan en el concepto de probabilidad.

YCIN, por ejemplo, introdujo factores de certeza, mientras que PROSPECTOR incorporó las reglas de Bayes para propagar las incertidumbres. Sin embargo, los expertos no suelen pensar en valores de probabilidad, pero en términos como a menudo, generalmente, a veces, ocasionalmente y raramente. La lógica difusa se refiere al uso de valores difusos que capturan el significado de las palabras, el razonamiento humano y la toma de decisiones. Como método para codificar y aplicar el conocimiento humano en una forma que refleje con precisión la comprensión de un experto de problemas difíciles y complejos, la lógica difusa proporciona la manera de superar los cuellos de botella computacionales de los sistemas expertos tradicionales.

En el corazón de la lógica difusa se encuentra el concepto de variable lingüística. Los valores de la variable lingüística son palabras en lugar de números. Al igual que los sistemas expertos, los sistemas difusos utilizan las reglas IF-THEN para incorporar el conocimiento humano, pero estas reglas son difusas, como por ejemplo:

SI la velocidad es alta ENTONCES la distancia de

parada es larga SI la velocidad es baja

ENTONCES la distancia de parada es corta.

La lógica difusa o teoría de conjuntos difusos fue introducida por el profesor Lotfi Zadeh, presidente del departamento de ingeniería eléctrica de Berkeley, en 1965 (Zadeh, 1965). Proporcionó un medio de computación con palabras. Sin embargo, la aceptación de la teoría de conjuntos difusos por parte de la comunidad técnica fue lenta y difícil. Parte del problema era el nombre provocativo -'borroso' - que parecía demasiado alegre para ser tomado en serio. Finalmente, la teoría borrosa, ignorada en Occidente, fue tomada en serio en Oriente, por los japoneses. Se ha utilizado con éxito desde 1987 en lavavajillas, lavadoras, acondicionadores de aire, televisores, fotocopiadoras e incluso coches de diseño japonés.

La introducción de productos difusos suscitó un enorme interés en esta aparentemente"nueva" tecnología propuesta por primera vez hace más de 30 años. Se han escrito cientos de libros y miles de artículos técnicos sobre este tema. Algunos de los clásicos lo son: Fuzzy Sets, Neural Networks and Soft Computing (Yager y Zadeh, eds., 1994); The Fuzzy Systems Handbook (Cox, 1999); Fuzzy Engineering (Kosko, 1997); Expert

Systems and Fuzzy Systems (Negoita, 1985); y también el libro de ciencia más vendido, Fuzzy Thinking (Kosko, 1993), que popularizó el campo de la lógica difusa.

La mayoría de las aplicaciones de lógica difusa han sido en el área de la ingeniería de control. Sin embargo, los sistemas de control difuso utilizan sólo una pequeña parte del poder de representación del conocimiento de la lógica difusa. Los beneficios derivados de la aplicación de modelos   de lógica difusa en sistemas basados en el conocimiento y de apoyo a la toma de decisiones pueden resumirse como sigue (Cox, 1999; Turban y Aronson, 2000):

    ☐ Potencia computacional mejorada: Los sistemas basados en reglas difusas funcionan más rápido que los sistemas expertos convencionales y requieren menos reglas. Un sistema experto difuso fusiona las reglas, haciéndolas más poderosas. Lotfi Zadeh cree que en pocos años la mayoría de los sistemas expertos utilizarán la lógica difusa para resolver problemas altamente no lineales y computacionalmente difíciles.

    ☐ Mejora de la modelización cognitiva: Los sistemas difusos permiten la codificación del conocimiento en una forma que refleja la forma en que los expertos piensan sobre un problema complejo.

Suelen pensar en términos tan imprecisos como alto y bajo, rápido y lento, pesado y ligero, y también utilizan términos como muy a menudo y casi nunca, usualmente y casi nunca, frecuentemente y ocasionalmente. Para construir reglas convencionales, necesitamos definir los límites precisos de estos términos, dividiendo así la experiencia en fragmentos. Sin embargo, esta fragmentación conduce a un pobre rendimiento de los sistemas expertos convencionales cuando se enfrentan a problemas muy complejos. Por el contrario, los sistemas expertos difusos modelan la información imprecisa, capturando la experiencia de manera mucho más cercana a la forma en que está representada en la mente experta, y por lo tanto mejoran el modelado cognitivo del problema.

☐ La capacidad de representar a múltiples expertos: Los sistemas expertos convencionales se construyen para un campo muy estrecho con una experiencia claramente definida. Esto hace que el rendimiento del sistema dependa totalmente de la elección correcta de los expertos.

Aunque una estrategia común es encontrar un solo experto, cuando se está construyendo un sistema de expertos más complejo o cuando la experiencia no está bien definida, es posible que se necesiten varios expertos. Múltiples expertos pueden expandir el dominio, sintetizar la experiencia y eliminar la necesidad de un experto de clase mundial, que probablemente sea muy caro y de difícil acceso. Sin embargo, los expertos múltiples rara vez llegan a acuerdos estrechos; a menudo hay diferencias de opinión e incluso conflictos. Esto es especialmente cierto en áreas como las empresas y la gestión, en las que no existe una solución sencilla y en las que deben tenerse en cuenta los puntos de vista contradictorios. Los sistemas de expertos difusos pueden ayudar a representar la experiencia de múltiples expertos cuando tienen opiniones opuestas.

Aunque los sistemas difusos permiten la expresión del conocimiento experto de una manera más natural, siguen dependiendo de las reglas extraídas de los expertos, y por lo tanto pueden ser inteligentes o tontos. Algunos expertos pueden proporcionar reglas difusas muy inteligentes, pero algunos sólo adivinan e incluso pueden equivocarse. Por lo tanto, todas las reglas deben ser probadas y afinadas, lo que puede ser un proceso prolongado y tedioso. Por ejemplo, a los ingenieros de Hitachi les tomó varios años probar y afinar sólo 54 reglas difusas para guiar el Sistema de Metro Sendai.

Usando herramientas de desarrollo de lógica difusa, podemos construir fácilmente un sistema difuso simple, pero luego podemos pasar días, semanas e incluso meses probando nuevas reglas y ajustando nuestro sistema. ¿Cómo hacemos que este proceso sea más rápido o, en otras palabras, cómo generamos buenas reglas difusas automáticamente?

En los últimos años, se han utilizado varios métodos basados en la tecnología de redes neuronales para buscar datos numéricos en busca de reglas difusas. Los sistemas adaptativos o neurales difusos pueden encontrar nuevas reglas difusas, o cambiar y ajustar las existentes basándose en los datos proporcionados. En otros palabras, datos dentro - descarta, o experiencia dentro - sentido común fuera. Entonces, ¿hacia dónde se dirige la ingeniería del conocimiento?

Los sistemas expertos, neuronales y difusos han madurado y se han aplicado a una amplia gama de problemas diferentes, principalmente en ingeniería, medicina, finanzas, negocios y administración. Cada tecnología maneja la incertidumbre y la ambigüedad del conocimiento humano de manera diferente, y cada tecnología ha encontrado su lugar en la ingeniería del conocimiento. Ya no compiten, sino que se complementan. Una sinergia de sistemas expertos con lógica difusa y computación neuronal mejora la adaptabilidad, robustez, tolerancia a fallos y velocidad de los sistemas basados en el conocimiento. Además, la informática con palabras los hace más `humanos'. Ahora es práctica común construir sistemas inteligentes utilizando las teorías existentes en lugar de proponer otras nuevas, y aplicar estos sistemas a problemas del mundo real en lugar de a problemas"de juguete".

1.2.15. Resumen

Vivimos en la era de la revolución del conocimiento, cuando el poder de una nación no está determinado por el número de soldados en su ejército, sino por el conocimiento que posee. La ciencia, la medicina, la ingeniería y los negocios impulsan a las naciones hacia una mayor calidad de vida, pero también requieren personas altamente calificadas y hábiles.

Ahora estamos adoptando máquinas inteligentes que pueden capturar la experiencia de estas personas y razonar de una manera similar a la de los humanos. El deseo de máquinas inteligentes no era más que un sueño esquivo hasta que se desarrolló el primer ordenador. Las primeras computadoras podían manipular grandes bases de datos de manera efectiva siguiendo algoritmos prescritos, pero no podían razonar sobre la información proporcionada. Esto dio lugar a la pregunta de si los ordenadores podrían pensar alguna vez. Alan Turing definió el comportamiento inteligente de un ordenador como la capacidad de alcanzar el rendimiento a nivel humano en una tarea cognitiva. La prueba de Turing proporcionó una base para la verificación y validación de los sistemas basados en el conocimiento.

En 1956, un taller de verano en el Dartmouth College reunió a diez investigadores interesados en el estudio de la inteligencia artificial, y nació una nueva ciencia: la inteligencia artificial.

Desde principios de la década de 1950, la tecnología de la IA ha pasado de ser la curiosidad de unos pocos investigadores a ser una herramienta valiosa para apoyar a los seres humanos en la toma de decisiones. Hemos visto ciclos históricos de la IA desde la era de las grandes ideas y grandes expectativas en la década de 1960 hasta la desilusión y los recortes de fondos a principios de la década de 1970; desde el desarrollo de   los primeros sistemas expertos como DENDRAL, MYCIN y PROSPECTOR en la década de 1970   hasta la madurez de la tecnología de sistemas expertos y sus aplicaciones masivas en diferentes áreas en la década de 1980 y 1990; desde un simple modelo binario de neuronas propuesto en la década de 1940 hasta un resurgimiento dramático del campo de las redes neuronales artificiales en la década de 1980; desde la introducción de la teoría de conjuntos difusos y su ignorancia por parte de Occidente en la década de 1960 hasta numerosos productos de consumo"difusos" ofrecidos por los japoneses en la década de 1980 y la aceptación mundial de la computación"suave" y la computación con palabras en la década de 1990.

El desarrollo de sistemas expertos creó la ingeniería del conocimiento, el proceso de construcción de sistemas inteligentes. Hoy en día no sólo se trata de sistemas expertos, sino también de redes neuronales y lógica difusa. La ingeniería del conocimiento sigue siendo un arte más que una ingeniería, pero ya se ha intentado extraer automáticamente las reglas de los datos numéricos a través de la tecnología de redes neuronales.

La Tabla 3. resume los acontecimientos clave en la historia de la IA y la ingeniería del conocimiento, desde el primer trabajo sobre IA de McCulloch y Pitts en 1943, hasta las tendencias recientes de combinar las fortalezas de los sistemas expertos, la lógica difusa y la computación neuronal en sistemas modernos basados en el conocimiento y capaces de computar con palabras.

Las lecciones más importantes aprendidas en este capítulo son:

La inteligencia es la capacidad de aprender y comprender, de resolver problemas y de tomar decisiones.

☐ La inteligencia artificial es una ciencia que ha definido su objetivo como hacer que las máquinas hagan cosas que requerirían inteligencia si las hicieran los humanos.

☐ Una máquina se considera inteligente si puede alcanzar el rendimiento a nivel humano en alguna tarea cognitiva. Para construir una máquina inteligente, tenemos que capturar, organizar y utilizar los conocimientos de expertos humanos en algún área problemática.

☐ La constatación de que el ámbito problemático de las máquinas inteligentes debía ser suficientemente restringido marcó un importante "cambio de paradigma" en la IA, ya que se pasó de métodos de propósito general, poco avanzados y débiles, a métodos de dominio específico y de gran intensidad de conocimientos. Esto condujo al desarrollo de sistemas expertos, es decir, programas informáticos capaces de funcionar a nivel de expertos en un área problemática limitada. Los sistemas expertos utilizan el conocimiento y la experiencia   humana en forma de reglas específicas, y se distinguen por la clara separación entre el conocimiento y el mecanismo de razonamiento. También pueden explicar sus procedimientos de razonamiento.

Tabla 3. Un resumen de los principales acontecimientos en la historia de la IA y la ingeniería del conocimiento

El nacimiento de la inteligencia artificial (1943-1946)	McCulloch y Pitts, un cálculo lógico de las ideas
	Inmanente en la actividad nerviosa, 1943
	Turing, Maquinaria Informática e Inteligencia, 1950

	El proyecto Integrador y calculador numérico electrónico (von Neumann)
	Shannon, Programación de una computadora para jugar ajedrez, 1950
	El taller de verano del Dartmouth College sobre inteligencia de máquinas, redes neurales artificiales y teoría de autómatas, 1956
El auge de la inteligencia artificial (1956-última década de 1960)	LISP (McCarthy)
	El proyecto General Problem Solver (GPR) (Newell y Simon)
	Newell y Simon, Resolución de problemas humanos, 1972
	Minsky, marco de trabajo de Representando el Conocimiento, 1975
La desilusión en la inteligencia artificial (finales de los años sesenta y principios de los setenta)	Cook, La complejidad de los procedimientos de comprobación de teoremas, 1971
	Karp, Reducibilidad entre combinatorias

	Problemas, 1972
	El informe Lighthill, 1971
El descubrimiento de sistemas expertos (principios de los años 70 - mediados de los 80)	DENDRAL (Feigenbaum, Buchanan y Lederberg, Universidad de Stanford)
	MYCIN (Feigenbaum y Shortliffe, Universidad de Stanford)
	PROSPECTOR (Instituto de Investigación de Stanford)
	PROLOG - un lenguaje de programación lógico (Colmerauer, Roussel y Kowalski, Francia)
	EMYCIN (Universidad de Stanford)
	Waterman, A Guide to Expert Systems, 1986
El renacimiento de las redes neurales artificiales (1965- en adelante)	Hopfield, Neural Networks and Physical Systems with Emergent Collective Computational Abilities, 1982
	Kohonen, Formación auto-organizada de

		Mapas de características topográficamente correctos, 1982
		Rumelhart y McClelland , Procesamiento distribuido paralelo, 1986
		Primera Conferencia Internacional de la IEEE sobre Redes Neuronales, 1987
		Haykin, Neural Networks, 1994
		Red neuronal , MATLAB Application Toolbox (The MathWork, Inc.)
Evolutivo en cómputo (temprano 1970s–adelante)		Rechenberg, Estrategias de evolución - Optimización de los sistemas técnicos de acuerdo con los principios de la información biológica, 1973
		Holanda, Adaptación en sistemas naturales y artificiales, 1975
		Koza, Programación Genética: Sobre la programación de los ordenadores por medio de la selección natural, 1992

	Schwefel, Evolución y Búsqueda Óptima,

	1995
	Fogel, Computación evolutiva - Hacia una nueva filosofía de la inteligencia de máquinas, 1995

Esta página se ha dejado intencionadamente en blanco

Capítulo **2**

2. Técnicas de búsqueda

2.1. Introducción

La tecnología de Inteligencia Artificial (IA) proporciona técnicas para el desarrollo de programas de ordenador para llevar a cabo una variedad de tareas, simulando la forma inteligente de resolución de problemas por parte de los seres humanos. Los problemas que los seres humanos resuelven en su vida diaria son de una gran variedad en diferentes campos. Aunque los dominios son diferentes y también los métodos, la tecnología de la IA proporciona un conjunto de formalismos para representar los problemas y también las técnicas para resolverlos. Lo que la tecnología de IA nos proporciona es lo que se describe en las frases anteriores. En base a esto, es muy difícil definir con precisión el término inteligencia artificial. Diferentes personas que trabajan en este tema durante muchos años han propuesto diferentes definiciones. Según Rich, la IA es el estudio de cómo hacer que los ordenadores hagan cosas en las que, por el momento, la gente es mejor[1]. Se observa que es igualmente difícil definir la inteligencia humana. Algunas de las actividades esenciales asociadas a la inteligencia se enumeran en la referencia[1-2] y se detallan a continuación.

a) Responder a las situaciones con flexibilidad

b) Dar sentido a los mensajes ambiguos o contradictorios

c) Reconocer la importancia relativa de los diferentes elementos de una situación

d) ¿Encontrar similitudes entre situaciones a pesar de las diferencias que puedan separarlas?

e) ¿Dibujar distinciones entre situaciones a pesar de las similitudes que puedan vincularlas?

La simulación de las actividades anteriores en una computadora es difícil. Además, la mayoría de las acciones anteriores son utilizadas por los ingenieros en la realización de tareas como la planificación, el diseño, el diagnóstico, la clasificación, la supervisión, etc. Por lo tanto, es esencial examinarlos más de cerca para entender cómo pueden ser formalmente representados y utilizados.

Newell y Simon[3] propusieron la hipótesis del sistema de símbolos físicos en 1972, que constituye el núcleo de todo el trabajo de investigación y desarrollo que tiene lugar en el campo de la IA. Consiste en una definición de una estructura de símbolos y luego una declaración de la hipótesis, que se presenta a continuación.

"Un sistema de símbolos físicos consiste en un conjunto de entidades llamadas símbolos, que son patrones físicos que pueden ocurrir como componentes de otro tipo de entidad llamada expresión (o estructura de símbolos). Por lo tanto, una estructura de símbolos está compuesta por un número de instancias o símbolos relacionados de alguna manera física (como por ejemplo, que una instancia esté al lado   de otra). En cualquier momento el sistema contendrá una colección de estas estructuras de símbolos. Además de estas estructuras, el sistema también contiene una colección de procesos   que operan sobre expresiones, creación, modificación, reproducción y destrucción. Un sistema de símbolos físicos es una máquina que produce a través del tiempo una colección evolutiva de estructuras de símbolos. Tal sistema existe en un mundo de objetos más amplio que estas expresiones simbólicas en sí mismas".

A continuación, establecen la hipótesis como: Un sistema físico dispone de los medios necesarios y suficientes para realizar acciones generales inteligentes. La única manera de validar esta hipótesis es con medios experimentales y empíricos.

Las soluciones de diseño de sistemas de ingeniería pueden ser visualizadas como una estructura de símbolos con una colección de instancias que están relacionadas entre sí de alguna manera. Considere el caso de un sistema de construcción. Puede ser visualizado como un conjunto de dos subsistemas, a saber, un sistema de resistencia a la carga lateral y un sistema de resistencia a la carga por gravedad.

Estos dos sistemas son independientes entre sí y no tienen relación directa entre sí. Pero son los sucesores de la construcción del sistema. Por lo tanto, están relacionados a través del sistema padre. Cada uno de estos subsistemas puede ser visualizado como una colección de subsistemas. El sistema de resistencia a la carga lateral puede ser un bastidor rígido de hormigón armado (RC), formado por numerosas vigas y pilares. Los objetos viga y columna pueden tener su propia estructura de símbolo genérica con diferentes atributos. Cada uno de ellos puede tener muchas instancias representando vigas y columnas individuales, que están semánticamente relacionadas con la viga o columna del símbolo genérico.

La ingeniería es una colección de un conjunto de tareas inteligentes, que consisten en diferentes actividades como la planificación,

análisis, diseño, construcción, gestión y mantenimiento. Las cinco manifestaciones diferentes de la inteligencia enumeradas anteriormente se utilizan en diferentes etapas de la ingeniería de cualquier sistema o artefacto. A continuación se presentan algunos ejemplos típicos de la ingeniería de edificios, con el fin de visualizar las diferentes situaciones que pueden surgir y que requieren un tratamiento inteligente de la información.

a) Responder a las situaciones con flexibilidad

Durante la fase de planificación de un edificio, el arquitecto intenta generar el plano de un piso típico como una combinación de diferentes habitaciones o instalaciones. Para empezar, sólo el

En el caso de las instalaciones, se proporciona la información sobre la adyacencia entre las instalaciones y la orientación requerida a partir de los requisitos funcionales. Cualquier sistema de planificación primero presenta un plan, que puede no encajar en una forma adecuada y/o   puede haber vacíos en el medio. Ahora el sistema tiene que responder a esta situación, que   va a ser única para diferentes conjuntos de datos, y generar decisiones para que se genere un plan aceptable.

Este es un ejemplo típico de una tarea inteligente, en la que se espera que el sistema responda a las situaciones de forma flexible.

b) Reconocer la importancia relativa de los diferentes elementos de una situación Hay muchas situaciones en un proceso de diseño, donde se generan múltiples soluciones, y es necesario seleccionar la mejor de entre las alternativas. El sistema tiene que reconocer la importancia relativa de las diferentes soluciones y luego hacer una selección. Considere la siguiente situación. La heurística básica dice que:

SI   número de historias < 15

ENTONCES proporcione un marco rígido RC para la

resistencia de carga lateral SI el número de pisos es > 20

ENTONCES proporcione la pared de cizallamiento también

junto con el marco rígido RC para resistencia de carga

lateral.

Ahora bien, si el número de pisos está entre 15 y 20, también se deben considerar otros factores, como la zona de viento, el tipo de carga viva que va a llegar a los pisos, el espaciamiento de las columnas en el marco rígido RC, etc., para decidir si se va a proporcionar o no un muro cortante. El sistema debe reconocer la importancia relativa de los diferentes escenarios y tomar una decisión adecuada.

c) ¿Encontrar similitudes entre situaciones a pesar de las diferencias que puedan separarlas?

Considere una situación donde hay columnas inclinadas en un marco rígido RC de un sistema de construcción. Los procedimientos de cálculo de barras a adoptar para estas vigas inclinadas son similares a los de las columnas, ya que todas las columnas están diseñadas como vigas-columnas.   Las vigas horizontales están diseñadas sólo para flexión y no para cualquier fuerza axial, pero las vigas inclinadas deben diseñarse como columnas de viga. A pesar de las diferencias de orientación, la similitud en el comportamiento estructural requiere los mismos métodos de cálculo de barras para pilares y vigas inclinadas.

d) ¿Dibujar distinciones entre situaciones a pesar de las similitudes que puedan vincularlas?

Tales situaciones surgen en el diagnóstico de los edificios en peligro. Por ejemplo, dos edificios diferentes pueden mostrar síntomas similares de angustia. No se puede extender el diagnóstico de la primera situación a la segunda también, porque otros factores como las condiciones del suelo, la calidad de la construcción, los detalles del diseño, etc. pueden ser totalmente diferentes en las dos situaciones. Aunque los síntomas son similares, el sistema tiene que hacer un diagnóstico adecuado, que puede ser diferente debido a las diferencias en otros factores influyentes.

Las ilustraciones anteriores presentan algunos casos en los que se requieren acciones inteligentes para la resolución de problemas de ingeniería. Los dos aspectos importantes a considerar para hacer que los programas de ordenador simulen la resolución inteligente de problemas son la definición precisa del problema y las técnicas sistemáticas de resolución de problemas. El resto de este capítulo se centra en estos dos aspectos con énfasis en los diferentes métodos de búsqueda utilizados para la resolución inteligente de problemas.

2.2. Definición del problema y proceso de solución

La primera tarea a la hora de resolver cualquier problema es la definición precisa del problema en términos de especificaciones para diferentes situaciones durante el proceso de solución. Las situaciones iniciales y finales forman el núcleo de la definición del problema. La especificación que define la situación final constituye una solución aceptable al problema.

Una vez que el problema está definido con precisión, el siguiente paso es elegir una técnica de solución apropiada. Para ello, hay que analizar el problema para comprender sus importantes características y su influencia en las diferentes técnicas de solución. Cabe señalar que, aunque se pueden utilizar diferentes técnicas de solución para resolver el mismo problema, una de ellas por sí sola lo resolverá de la manera más eficaz.

Todos los problemas de IA utilizan el conocimiento para resolver cada tarea durante la resolución de problemas y el proceso de solución utiliza una estrategia de control para llevar a cabo la solución. Dado que las estrategias de control son genéricas y pueden utilizarse para actuar sobre el conocimiento en diferentes ámbitos y en diferentes situaciones, es preciso separarlas del conocimiento. El conocimiento del dominio aislado debe ser representado adecuadamente, para que pueda ser fácilmente accesible y manipulado durante la resolución de problemas.

Ahora elija la estrategia de control más apropiada y aplíquela para resolver el problema en determinadas situaciones. La solución de cualquier problema de IA sigue las cuatro tareas descritas anteriormente[4-5].

Para que un programa de ordenador funcione de forma inteligente, el programa tiene que simular el comportamiento inteligente enumerado como cinco características distintas en la sección anterior. Una manera de lograrlo es haciendo coincidir los patrones y luego deduciendo las inferencias. Para ello, el conocimiento tiene que ser representado como patrones de entidades. Los patrones apropiados deben ser seleccionados, emparejados con los patrones existentes y luego se deben tomar decisiones para una mayor selección y emparejamiento. Este proceso continúa hasta que se llega a una situación final predefinida (situación de objetivo). Los patrones de emparejamiento pueden resultar en éxito o fracaso. Un éxito añadirá patrones válidos que definan el estado actual de el problema se resuelve en una base de datos. Se realizarán más cotejos con estos patrones en la base de datos. Esto lleva al hecho de que tanto para la selección como para la comparación, el proceso de solución tiene que buscar patrones tanto en la base de datos de patrones deducidos como   en el conocimiento del dominio.

Por lo tanto, el núcleo de cualquier programa de IA es la búsqueda a través del conocimiento. Esta es una diferencia sorprendente entre un programa de procedimiento convencional y un programa de IA. Por lo tanto, para que un programa de IA sea eficiente, los dos componentes básicos, a saber, los esquemas de representación del conocimiento y la estrategia de control para la búsqueda, deben ser los más apropiados y eficientes. La representación del conocimiento se elabora en el próximo capítulo sobre el Sistema de Expertos Basado en el Conocimiento (KBES) y, por lo tanto, no se describe aquí. El énfasis de este capítulo se centra en las técnicas de búsqueda utilizadas en los programas de IA.

2.3. Sistemas de producción

Los sistemas de producción proporcionan estructuras adecuadas para realizar y describir los procesos de búsqueda. Un sistema de producción tiene cuatro componentes básicos que se enumeran a continuación.

• Un conjunto de reglas que siguen la construcción clásica de IF-THEN. Si se cumplen las condiciones de la   parte izquierda, se dispara la regla, lo que da lugar a la realización de acciones en la parte derecha de la regla.

• Una base de datos de hechos actuales establecidos durante el proceso de inferencia.

• Una estrategia de control que especifica el orden en el que se seleccionan las reglas para la comparación de antecedentes mediante la comparación de los hechos en la base de datos. También especifica cómo resolver conflictos en la selección de reglas o en la selección de hechos.

- Un módulo de disparo de reglas.

El uso de conceptos de sistemas de producción para desarrollar sistemas expertos basados en el conocimiento se trata con más detalle en el capítulo 3. Sólo las diferentes estrategias de búsqueda generalmente adoptadas en los programas de IA se elaboran aquí.

2.4. Técnicas de búsqueda

Los problemas típicos de la IA pueden tener soluciones en dos formas. El primero
es un estado que satisface los requisitos. El segundo es un camino que especifica la forma
en que hay que atravesar para obtener una solución. Una buena técnica de búsqueda debe
tener los siguientes requisitos.

- Una técnica de búsqueda debe ser sistemática

- Una técnica de búsqueda debe hacer cambios en la base de datos

2.5. Estrategias de búsqueda

Todos los métodos de búsqueda en informática comparten tres necesidades en
común: 1) un modelo mundial o base de datos de hechos basada en la elección de una
representación que proporcione el estado actual, así como otros estados posibles y un
estado de meta. 2) un conjunto de operadores que define las posibles transformaciones de
los estados y 3) una estrategia de control que determina cómo deben llevarse a cabo las
transformaciones entre estados mediante la aplicación de operadores. El razonamiento
desde un estado actual en busca de un estado más cercano a un estado de meta se conoce
como razonamiento directo. El razonamiento hacia atrás a un estado actual desde un
estado de meta se conoce como razonamiento hacia atrás. Como tal, es posible hacer
distinciones entre los enfoques ascendentes y descendentes para la resolución de
problemas. De abajo hacia arriba es a menudo "dirigido por la meta", es decir, razonar
hacia atrás desde un estado de meta para resolver estados intermedios con subobjetivos. El
razonamiento descendente o basado en datos se basa simplemente en ser capaz de llegar a
un estado que se define   como cerrado a un estado de meta que el estado actual.

A menudo, la aplicación de los operadores a un estado problemático puede no
conducir directamente a un estado de meta y puede ser necesario retroceder un poco antes
de que se pueda encontrar un estado de meta (Barr & Feigenbaum, 1981).

2.6. Búsqueda de espacio de estado

La búsqueda exhaustiva de un espacio problemático (o espacio de búsqueda) a menudo no es factible ni práctica debido al tamaño del espacio problemático. Sin embargo, en algunos casos es necesario. Más a menudo, somos capaces de definir un conjunto de transformaciones legales de un espacio de estado (movimientos en el mundo de los juegos) de entre los cuales se seleccionan aquellos que tienen más probabilidades de acercarnos a un estado de meta, mientras que otros nunca se exploran más a fondo. Esta técnica en la resolución de problemas se conoce como"dividir y podar". En la IA la técnica que emula la división y la poda se llama generar y probar. El método básico es:

Repetir

 Generar una solución candidata

 Probar la solución candidata

 Hasta que se encuentre una solución satisfactoria, o

  no se pueden generar más soluciones

 candidatas: Si se encuentra una solución aceptable,

 anúnciela;

  De lo contrario, anuncie el fracaso.

Figura 3: Generar y método de prueba

Los buenos generadores son completos, eventualmente producirán todas las soluciones posibles y no sugerirán soluciones redundantes. También están informados, es decir, utilizarán información adicional para limitar las soluciones que proponen.

El análisis de los medios-fines es otra técnica espacial de estado cuyo propósito es, dado un estado inicial, reducir la diferencia (distancia) entre un estado actual y un estado objetivo. Determinar la "distancia" entre cualquier estado y un estado de meta puede facilitar la diferencia.

tablas de procedimientos que pueden prescribir efectivamente cuál podría ser el siguiente estado. Realizar análisis de fin de medios:

Repetir

Describa el estado actual, el estado de la meta y la diferencia entre los dos.

Utilice la diferencia entre el estado actual y el estado objetivo, posiblemente con la tecla

descripción del estado actual o estado de meta, para seleccionar un procedimiento prometedor.

Utilice el procedimiento prometedor y actualice el estado actual.

Hasta que se alcance el OBJETIVO o hasta que no se disponga de más procedimientos.

Si se alcanza la META, anuncie el éxito; de lo contrario, anuncie el fracaso.

Figura 4: Análisis de medias-fines

La técnica de reducción de problemas es otro enfoque importante para los problemas de IA. Es decir, para resolver un problema complejo o más grande, identifique problemas manejables más pequeños (o subobjetivos) que usted sabe que se pueden resolver en menos pasos.

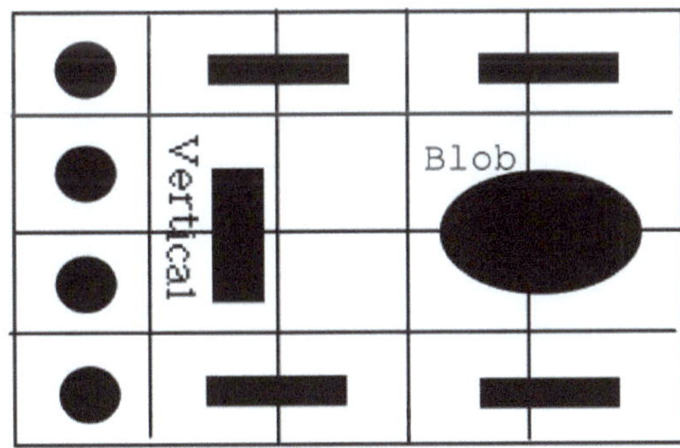

Figura 5: Reducción de Problemas y El Burro de Rompecabezas de Sliding Block

Este rompecabezas de bloque deslizante es conocido desde hace más de 100 años. El objetivo es poder pasar por alto la barra Vertical con la nota y colocarla al otro lado de la barra Vertical. El Blob ocupa cuatro espacios y necesita dos espacios verticales u horizontales adyacentes para poder moverse, mientras que la barra Vertical necesita dos espacios verticales vacíos adyacentes para moverse a la izquierda o a la derecha, o un espacio vacío por encima o por debajo para moverse hacia arriba o hacia abajo. Las barras horizontales pueden moverse a cualquier casilla vacía a la izquierda o a la derecha de ellas, o hacia arriba o hacia abajo si hay dos espacios vacíos por encima o por debajo de ellas.

Del mismo modo, los círculos pueden moverse a cualquier espacio vacío a su alrededor en una línea horizontal o vertical. Una búsqueda en el espacio de estado relativamente desinformada puede resultar en más de 800 movimientos para que este problema sea resuelto, con un montón de retrocesos necesarios. Mediante la reducción de problemas, lo que resulta en el subobjetivo de intentar obtener la nota en las dos filas por encima o por debajo de la barra vertical, es posible resolver este rompecabezas en sólo 82 movimientos!

Un nodo es solucionable si --

1. es un nodo terminal (un problema primitivo),

2. es un nodo sin terminal cuyos sucesores son los nodos AND que son todos

solucionables, O

3. es un nodo sin terminal cuyos sucesores son nodos OR y al menos uno de ellos es

soluble.

Del mismo modo, un nodo es insoluble si --

1. es un nodo sin terminal que no tiene sucesores) un problema no primitivo al que no se aplica ningún operador),

2. es un nodo sin terminal cuyos sucesores son los nodos AND y al menos uno de
ellos es insoluble, o

3. es un nodo sin terminal cuyos sucesores son los nodos OR y todos ellos son insolubles.

Otro ejemplo de una técnica para la reducción de problemas se llama Árboles y/o Árboles.

Aquí el objetivo es

encontrar una ruta de solución a un árbol determinado aplicando las siguientes reglas:

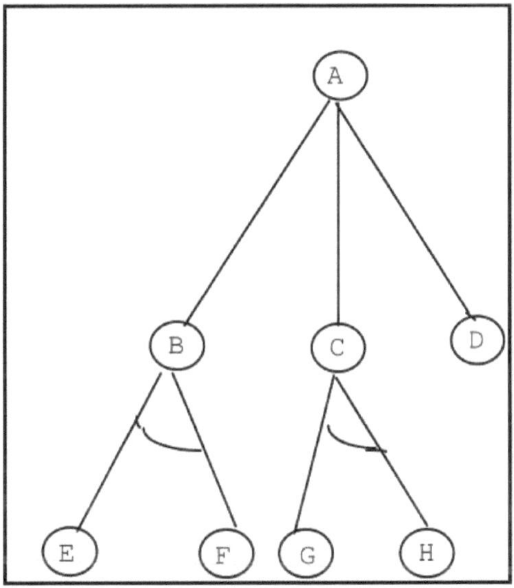

Figura 6: y/o árbol

En esta figura los nodos B y C sirven como padres exclusivos para sub-problemas EF y GH respectivamente. Una de las formas de ver el árbol es con los nodos B, C y D sirviendo como subproblemas individuales y alternativos.

Por lo tanto, las vías de solución serían: {A-B-E}, {A-B-F-F}, {A-C-G}, {A-C-H}, y {A,D}.

En el caso especial en el que no se producen nodos AND, tenemos el gráfico ordinario que aparece en una búsqueda en el espacio de estado. Sin embargo, la presencia de los nodos AND distingue a los árboles AND/OR (o gráficos) de las estructuras estatales ordinarias que requieren sus propias técnicas de búsqueda especializadas (Nilsson, 1971).

2.7. Búsqueda Breadth-First

Las dos técnicas de búsqueda básicas más utilizadas son BFS (Breadth-First Search) y DFS (Depth-First Search).

BFS es una técnica de búsqueda fácil de entender. El algoritmo se presenta a

continuación. widthth_first_search ()

{

almacenar el estado inicial en la cola Q

establecer el estado en la parte frontal de la Q

como estado actual ; mientras (se alcanza el

estado objetivo O la Q está vacía)

{

aplicar la regla para generar un nuevo estado a partir del

estado actual ; si (el nuevo estado es el estado de meta),

dejar de fumar;

si (todos los estados generados a partir de los estados actuales están
agotados)

{

borrar el estado actual de la ventana Q ;

establecer el elemento frontal de Q como el estado actual;

}

si no, continuar..;

}

}

2.8. Búsqueda de profundidad-primera

En DFS, en lugar de generar todos los estados por debajo del nivel actual, sólo se genera y evalúa recursivamente el primer estado por debajo del nivel actual. La búsqueda continúa hasta que no se pueda generar otro sucesor.

Luego regresa al padre y explora el siguiente sucesor. El algoritmo se muestra a continuación.

búsqueda_fondo_primer_búsqueda ()

{

establecer el estado inicial en el estado actual;

si (el estado inicial es el estado

actual) salir ; de lo contrario

{

si (existe un sucesor para el estado actual)

{

generar un sucesor del estado actual y

establecerlo como estado actual;

```
}
si no, devuélvelo;
depth_first_search (current_state) ;
si (se alcanza el estado de meta)
return ; si no, continuar;
}
}
```

Dado que DFS almacena sólo los estados en la ruta actual, utiliza mucha menos memoria durante la búsqueda en comparación con BFS. La probabilidad de llegar a la meta con un menor número de evaluaciones es mayor con DFS que con BFS. Esto se debe a que, en BFS, todos los estados de un nivel tienen que ser evaluados antes de que los estados del nivel inferior sean considerados. El DFS es muy eficiente cuando existen soluciones más aceptables, de modo que la búsqueda puede terminarse una vez que se obtiene la primera solución aceptable. BFS es ventajoso en casos donde el árbol es muy profundo. Un mecanismo de búsqueda ideal es combinar las ventajas de BFS y DFS. Lo que se ha explicado hasta ahora es BFS y DFS sin restricciones. Si se imponen restricciones en la búsqueda, entonces el algoritmo anterior necesita ser modificado. Uno de ellos se describe en el Capítulo 4, donde se generan múltiples soluciones aceptables para los problemas de diseño.

2.9. Más información sobre Profundidad Primera Búsqueda

La primera búsqueda en profundidad (DFS) es uno de los algoritmos de búsqueda a ciegas más básicos y fundamentales. Es para aquellos que quieren explorar en profundidad un posible camino de solución con la esperanza de que las soluciones no se queden demasiado abajo del árbol. Esto es "DFS es una buena idea cuando se está seguro de que todos los caminos parciales llegan a emds muertos o se convierten en caminos completos después de un número razonable de pasos. En contraste, "DFS es una mala idea si hay caminos largos, incluso infinitamente largos. Para llevar a cabo un DFS:

(1) Ponga el Nodo de Inicio en la lista llamada OPEN.

(2) Si OPEN está vacío, salir con fallo; de lo contrario, continuar.

(3) Quitar el primer nodo de OPEN y ponerlo en una lista llamada

CLOSED. Llama a este nodo n.

(4) Si la profundidad de n es igual a la profundidad

limitada, vaya a (2); de lo contrario, continúe.

(5) Desglosar nodo n, generando todos los sucesores de n. Ponga estos (en orden arbitrario) al principio de OPEN y devuelva los punteros a n.

(6) Si alguno de los sucesores son nodos de meta, salga con la solución obtenida rastreando a través de los punteros; de lo contrario, vaya a (2).

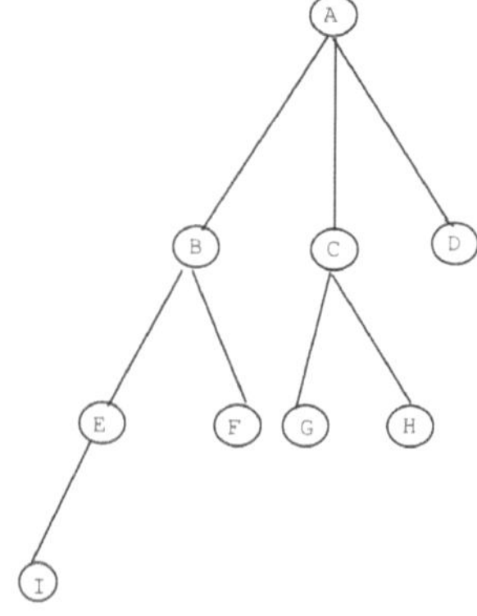

Figura 7: Ejemplo de búsqueda por árbol de Profundidad Primera Búsqueda y Búsqueda por amplitud Primera DFS siempre explora primero el nodo más profundo. Es

decir, la que está más abajo.

de la raíz del árbol. Para evitar la consideración de trayectos inaceptablemente largos, a menudo se utiliza un límite de profundidad para limitar la profundidad de la búsqueda. El Departamento de Apoyo a las Actividades sobre el Terreno exploraría el árbol de la figura 3 en el orden: A-B-E-I-F-C-G-H-D.

DFS con Deepening Iterativo remedia muchos de los inconvenientes del DFS y de Breadth First Search. La idea es realizar un DFS nivel a nivel. Comienza con un DFS con un límite de profundidad de 1. Si no se encuentra un objetivo, entonces realiza un DFS con un límite de profundidad de 2. Esto continúa, con el límite de profundidad aumentando en uno con cada iteración, aunque con cada aumento de profundidad el algoritmo debe volver a realizar su DFS con el límite prescrito. La idea de la profundización iterativa se atribuye a Slate y Adkin (1977) por su trabajo en el Programa de Ajedrez de la Universidad de Northwestern. Korf (1985) ha realizado estudios sobre su eficiencia.

2.10. Más información sobre Breadth First Search

Búsqueda en primer lugar siempre explora primero los nodos más cercanos al nodo raíz, visitando primero todos los nodos de una longitud dada antes de pasar a cualquier ruta más larga. Empuja uniformemente en el árbol de búsqueda. La primera búsqueda de amplitud es más efectiva cuando todas las trayectorias a un nodo de objetivo son de profundidad uniforme. Es una mala idea cuando el factor de ramificación (número promedio de hijos por nodo) es grande o infinito. Breadth First Search también es preferible a DFS si le preocupa que pueda haber caminos largos (o incluso infinitamente largos) que no lleguen a callejones sin salida ni se conviertan en caminos completos (Winston, 1992). Para el árbol de la Figura 5, Búsqueda de la primera anchura se procedería por orden alfabético.

El algoritmo para la Búsqueda de Árbol de Breadth First es:

(1) Ponga el nodo de inicio en una lista llamada OPEN.

(2) Si OPEN está vacío, salir con fallo;

de lo contrario, continuar.

(3) Quitar el primer nodo de OPEN y ponerlo en una lista llamada CLOSED;

Llama a este nodo n;

(4) Desglosar nodo n, generando todos sus sucesores. Si no hay sucesores, vaya inmediatamente a (2).

Ponga los sucesores al final de OPEN y proporcione las indicaciones de estos sucesores de vuelta a n.

(5) Si alguno de los sucesores son nodos de meta, salga con la solución obtenida rastreando a través de los punteros; de lo contrario, vaya a (2)

2.11. Búsqueda bidireccional

Hasta este punto, todos los algoritmos de búsqueda discutidos (con la excepción del análisis de los fines de media y el retroceso) se han basado en el razonamiento directo. La búsqueda hacia atrás desde los nodos de meta hasta los predecesores es relativamente fácil. Pohl (1969, 1971) combinó el razonamiento hacia adelante y hacia atrás en una técnica llamada búsqueda bidireccional. La idea es sustituir un único gráfico de búsqueda, que probablemente crezca exponencialmente, por dos gráficos más pequeños, uno a partir del estado inicial y otro a partir de la meta. La búsqueda se aproxima para terminar cuando las dos gráficas se intersectan. Este algoritmo garantiza encontrar la ruta de solución más corta a través de un gráfico general de espacio de estado.

Los datos empíricos de los gráficos generados aleatoriamente mostraron que el algoritmo de Pohl's expandió sólo 1/4 de los nodos de la búsqueda unidireccional (Barr y Feigenbaum, 1981). Pohl también implementó versiones heurísticas de este algoritmo.

2.12. Métodos de búsqueda heurística

George Polya, a través de su maravilloso libro "How to Solve It" (1945) puede ser considerado como el "padre de la heurística". En esencia, el esfuerzo de Polya se centró en la resolución de problemas, pensando y aprendiendo. Desarrolló un breve "Diccionario heurístico" de primitivos heurísticos. El enfoque de Polya fue tanto práctico como experimental. Trató de desarrollar puntos en común en el proceso de resolución de problemas a través de la formalización de la observación y la experiencia.

Las nociones actuales de heurística están un tanto alejadas de las de Polya (Bolc y Cytowski, 1992). Las tendencias consisten en buscar soluciones algorítmicas formales y rígidas a problemas específicos en lugar de desarrollar enfoques generales que puedan seleccionarse y aplicarse adecuadamente a problemas específicos.

El objetivo de una búsqueda heurística es reducir el número de nodos buscados en la búsqueda de una meta. En otras palabras, se pueden abordar problemas que crecen de forma combinatoria. A través del conocimiento, la información, las reglas, la comprensión, las analogías y la simplificación, además de otras muchas técnicas, la búsqueda heurística pretende reducir   el número de objetos examinados. La heurística no garantiza el logro de una solución, aunque una buena heurística debería facilitarlo. La búsqueda heurística es definida por los autores de muchas maneras diferentes:

• es una estrategia práctica que aumenta la eficacia de la resolución de problemas complejos (Feigenbaum, Feldman, 1963)

• conduce a una solución por el camino más probable, omitiendo las menos prometedoras (Amarel, 1968)

• debe permitir evitar el examen de los callejones sin salida y utilizar los datos ya recogidos (Lenat, 1983).

Los puntos en los que se puede aplicar la información heurística en una búsqueda incluyen:

1. decidir qué nodo expandir a continuación, en lugar de hacer las expansiones en un orden estrictamente de amplitud -primero 0r profundidad -primero-;

2. en el transcurso de la expansión de un nodo, decidiendo qué sucesor o sucesores generar, en lugar de generar ciegamente todos los sucesores posibles a la vez, y

3. decidir que ciertos nodos deben ser descartados, o podados, del árbol de búsqueda. Bolc y Cytowski (1992) añaden:

.... el uso de la heurística en el proceso de construcción de soluciones aumenta la incertidumbre de llegar a un resultado... debido al uso de conocimientos informales (reglas, leyes, intuición, etc.) cuya utilidad nunca ha sido plenamente probada. Debido a esto, los métodos heurísticos se emplean en los casos en que los algoritmos dan resultados insatisfactorios o no garantizan la obtención de ningún resultado. Son particularmente importantes en la resolución de problemas muy complejos (donde falla un algoritmo preciso), especialmente en el reconocimiento de voz e imágenes, la robótica y la construcción de estrategias de juego. ...

Los métodos heurísticos nos permiten explotar datos inciertos e imprecisos de forma natural. ... El objetivo principal de la heurística es ayudar y mejorar la eficacia de un algoritmo que resuelve un problema. Lo más importante es la eliminación de algunos subconjuntos de objetos que aún no han sido examinados".

Se espera que la mayoría de los métodos modernos de búsqueda heurística acorten la distancia entre la integridad de los algoritmos y su complejidad óptima (Romanycia y Pelletier, 1985). Se están modificando las estrategias para llegar a una solución casi óptima, en lugar de óptima, con una reducción significativa de los costos (Pearl, 1984).

Los juegos, especialmente los juegos para dos personas, de suma cero, con información perfecta como el ajedrez y las damas, han demostrado ser un dominio muy prometedor para estudiar y probar la heurística.

2.13. Escalada de colinas

La escalada de colinas es una primera búsqueda de profundidad con una medición

heurística que ordena las opciones a medida que se expanden los nodos. La medición
heurística es la estimación de la cantidad restante

distancia a la portería. La eficacia de la escalada de colinas depende completamente de la precisión de la medición heurística.   Para llevar a cabo una búsqueda de   escalada de colinas:

Formar una cola de un elemento que consiste en una ruta de longitud cero que contiene sólo el nodo raíz.

Repetir

Eliminar la primera ruta de la cola; crear nuevas rutas extendiendo la primera ruta a todos los vecinos del nodo terminal.

Rechazar *todas las nuevas rutas con bucles.*

Ordenar las nuevas rutas, si las hubiera, por las distancias estimadas entre sus nodos terminales y el objetivo.

Hasta que la primera ruta de la cola termine en el nodo objetivo o la cola esté vacía.

Si se encuentra el nodo de meta, anuncie el éxito, de lo contrario, anuncie el fracaso.

Winston (1992) explica lúcidamente los problemas potenciales que afectan a la escalada de colinas. Todos ellos están relacionados con la cuestión de la "visión" local frente a la visión global del espacio de búsqueda. El problema de las estribaciones está particularmente sujeto a los máximos locales, donde se buscan los globales, mientras que el problema de la meseta ocurre cuando la medida heurística no insinúa ningún gradiente significativo de proximidad a una meta.

El problema de la cresta ilustra exactamente cómo se llama: puedes tener la impresión de que la búsqueda te está llevando más cerca de un estado de meta, cuando en realidad estás viajando a lo largo de una cresta que te impide alcanzar realmente tu meta.

2.14. Mejor primera búsqueda

La mejor primera búsqueda es un algoritmo general para buscar heurísticamente cualquier gráfico de espacio de estado. Es igualmente aplicable a los buscadores de datos y a los buscadores orientados a objetivos y soporta una variedad de de funciones de evaluación heurística. La mejor primera búsqueda se puede utilizar con una variedad de heurísticas, que van desde la "bondad" de un estado hasta medidas sofisticadas basadas en la probabilidad de que un estado conduzca a un objetivo, lo que se puede ilustrar con ejemplos de medidas estadísticas bayesianas.

Al igual que el DFS y los algoritmos de búsqueda de la primera amplitud, la búsqueda de la mejor primera utiliza listas para mantener los estados: ABIERTO para hacer un seguimiento del margen actual de la búsqueda y CERRADO para registrar los estados ya visitados. Además, el algoritmo ordena estados en OPEN según alguna estimación heurística de su "cercanía" a un objetivo. Así, cada iteración del bucle considera el estado más "prometedor" de la lista OPEN. (Lugar y Stubblefield, 1993) Justo donde falla la escalada de colinas, su visión local, miope, es donde mejora la Mejor Búsqueda Primero. La siguiente descripción del algoritmo sigue de cerca la de Lugar y Stubblefield (1993, p121):

En cada iteración, Best First Search elimina el primer elemento de la lista OPEN. Si cumple las condiciones del objetivo, el algoritmo devuelve la ruta de solución que condujo al   objetivo. Cada estado retiene la información de los antepasados para permitir que el algoritmo devuelva la ruta de solución final.

Si el primer elemento de OPEN no es un objetivo, el algoritmo lo genera descendiente. Si un estado hijo ya está en ABIERTO o CERRADO, el algoritmo comprueba que el estado registra el cortocircuito de las dos vías de solución parcial. No se conservan los estados duplicados. Al actualizar la historia de los ancestros de los nodos en ABIERTO y CERRADO, cuando son redescubiertos, es más probable que el algoritmo encuentre un camino más corto hacia un objetivo.

Best First Search evalúa heurísticamente los estados en OPEN, y la lista se clasifica según los valores heurísticos. De este modo, el "mejor" estado pasa a ocupar el primer plano de OPEN. Cabe destacar que estas estimaciones son de naturaleza heurística y, por lo tanto, el siguiente estado a examinar puede ser de cualquier nivel del espacio estatal. OPEN, cuando se actualiza como una lista ordenada, a menudo se denomina cola de prioridad.

A continuación, se describe el

procedimiento para la búsqueda de la

mejor primera opción: Procedimiento

Best_First_Search;

comenzar

 open := {Iniciar};

/* Inicializar

cerrado:= { };

 Mientras está abierto - { } Hacer

/* Estados

 Permanecen en el

inicio

Quitar el estado más a la izquierda de la

apertura, llamarlo X; si X = meta, entonces

devolver el camino de Start a X, de lo

contrario, comenzar

generar hijos de X; por

cada hijo de X do

CASE

    el niño no está abierto o cerrado;

comience

    asignar al niño un valor heurístico;

    añadir al niño para abrir

fin;

el niño ya está abierto:

si el niño ha sido alcanzado por un camino

más corto, se indicará el estado de apertura

del camino más corto

el niño ya está cerrado:

si el niño fue alcanzado por un camino más

corto, entonces comience

quitar el estado de cerrado;

añadir el niño a abrir

fin;

fin;

*/ CASO

poner X en cerrado;

reordenar los estados en abierto por mérito heurístico

(mejor a la izquierda);

fallo de retorno

/* open es empty

end.

Figura 8: El mejor algoritmo de búsqueda inicial

La figura 8 se reproduce a continuación (con permiso) de Lugar y Stubblefield (1993, p121-22).

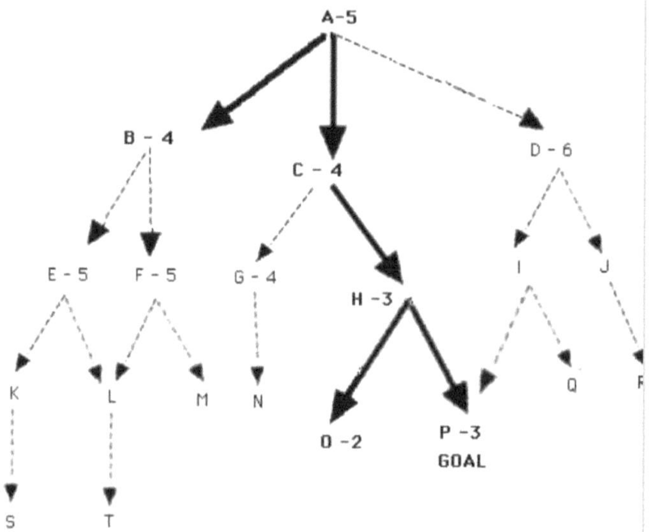

Proporcionamos su descripción a continuación: La Figura 8 muestra un espacio de estado hipotético con evaluaciones heurísticas adjuntas a algunos de sus estados. Los estados con evaluaciones adjuntas son los que realmente se generan en la búsqueda del mejor primero. Los estados ampliados por el algoritmo de búsqueda heurística se indican en NEGRITA; tenga en cuenta que no busca en todo el espacio. El objetivo de la búsqueda de lo mejor primero es encontrar el estado de meta examinando el menor número posible de estados; cuanto más informado esté el heurístico, menos estados se procesan para encontrar el objetivo.

A continuación se muestra un rastro de la ejecución del procedimiento Best_First_Search. P es el estado de meta en este ejemplo. Los estados a lo largo del camino hacia P tienden a tener valores heurísticos bajos. La heurística es falible:

el estado O tiene un valor inferior al de la meta misma y se examina primero. A diferencia de la subida de colinas, el algoritmo se recupera de este error y encuentra el objetivo correcto.

1. Abierto = {A5}; Cerrado = { }

2. evaluar A5; Abierto = {B4, C4, D6}; Cerrado = {A5}

3. evaluar B4; Abierto = {C4, E5, F5, D6}; Cerrado = {B4, A5}.

4. evaluar C4; Abierto = {H3, G4, E5, F5, D6}; Cerrado = {C4, B4, A5}.

5. evaluar H3; Abierto = {O2, P3, G4, E5, F5, D6}; Cerrado = {H3, C4, B4, A5}.

6. evaluar O2; Abierto = {P3,G4,E5, F5, D6}; Cerrado = {O2, H3, C4, B4, A5}.

7. evaluar P3; ¡se encuentra la solución!

El algoritmo Best First Search siempre selecciona el estado más prometedor de Open para una mayor expansión. Aunque la heurística que utiliza para medir la distancia desde el estado de objetivo puede resultar errónea, no abandona todos los demás estados y los mantiene en Abierto. Si el algoritmo conduce la búsqueda por una ruta incorrecta, recuperará algún estado "siguiente mejor" generado previamente de Open y cambiará su enfoque a otra parte del espacio. En el ejemplo anterior se encontró que los niños del Estado B tenían evaluaciones heurísticas deficientes, y por lo tanto la búsqueda cambió al estado C. Sin embargo, los niños de B se mantuvieron en Abierto y volvieron a más tarde.

2.15. Sistemas activos basados en el conocimiento

2.15.1. Introducción

El conocimiento es la información sobre un dominio específico que necesita un programa de ordenador para poder mostrar un comportamiento inteligente con respecto a un problema específico. El conocimiento incluye información sobre entidades del mundo real y las relaciones entre ellos. Además, el conocimiento también puede tomar la forma de procedimientos para combinar y operar sobre la información. Los programas informáticos que encapsulan este conocimiento se denominan sistemas basados en el conocimiento.

El conocimiento es usualmente capturado en alguna forma de lógica humana y programado a través de lenguajes de programación declarativos y no deterministas como Prolog y OPS5. Estos lenguajes permiten al programador definir, de forma altamente descriptiva, el conocimiento de un experto humano sobre los problemas y sus soluciones. Además, los programas escritos en estos lenguajes pueden ampliarse fácilmente porque los datos y las estructuras de programa son más flexibles y dinámicas que los programas habituales.

Las aplicaciones informáticas contemporáneas del mundo real tratan de modelar la compleja y vasta cantidad de conocimientos de la sociedad moderna que deben ser manejados por sistemas basados en el conocimiento. Las aplicaciones más "tradicionales" también se ven afectadas por la existencia de grandes cantidades de datos, que son equivalentes a los hechos en el contexto de los sistemas basados en el conocimiento. La solución tradicional es acoplar los programas que procesan datos con sistemas especiales dedicados al almacenamiento, recuperación y manejo eficiente y confiable de datos, ampliamente conocidos como sistemas de gestión de bases de datos (DBMS).

La misma tendencia se observa en los sistemas basados en el conocimiento, en los que la gestión del conocimiento ha pasado de la aplicación a los sistemas de gestión de la base de conocimientos (KBMS). Los KBMSs son una integración de los DBMSs convencionales con técnicas de inteligencia artificial. Los KBMSs proporcionan capacidades de inferencia al DBMS al permitir la encapsulación del conocimiento del dominio de la aplicación dentro del sistema de base de datos. Además, los KBMS permiten compartir, facilitar el mantenimiento y la reutilización de los conocimientos, lo que suele expresarse en forma de reglas declarativas de alto nivel, como las reglas de producción y las reglas deductivas. El sistema de base de conocimiento (KBS) consiste en el KBMS junto con conjuntos de reglas específicos (llamados base de reglas) y datos o hechos (llamados base de datos). La base de reglas y la base de datos de una KBS se denominan colectivamente la base de conocimientos (KB).

Una tendencia reciente que tiende a salvar la brecha entre la base de conocimientos y los sistemas de bases de datos son los sistemas activos de bases de datos. Los sistemas activos de bases de datos monitorean constantemente las actividades del sistema y de los usuarios. Cuando ocurre un evento interesante, responden ejecutando ciertos procedimientos relacionados con la base de datos o con el entorno. De esta manera, el sistema no es una recopilación pasiva de datos, sino que encapsula los conocimientos de gestión y procesamiento de datos.

Este comportamiento reactivo se logra a través de reglas activas que son una contraparte procesal de nivel más bajo   de las reglas declarativas utilizadas en los sistemas basados en el conocimiento. Las reglas activas pueden considerarse formas primitivas de conocimiento encapsuladas dentro de la base de datos; por lo tanto, un sistema de base de datos activo puede considerarse algún tipo de KBS.

Diferentes paradigmas de reglas son útiles para diferentes tareas en el sistema de base de conocimiento. Por lo tanto, la integración de varios tipos de reglas en el mismo sistema es importante. Proporciona un sistema de gestión de la base de conocimientos único, flexible y polivalente en el que los usuarios y programadores pueden elegir el formato más adecuado para expresar los conocimientos de la aplicación.

El objetivo de este capítulo es discutir algunos de los enfoques existentes para construir un KBMS mediante la integración de uno o más tipos de reglas en un DBMS, dando énfasis a las soluciones basadas en el comportamiento reactivo de los sistemas activos de base de conocimiento. Las técnicas de implementación encontradas en varios sistemas publicados se presentan y comparan de acuerdo a su funcionalidad y eficiencia.

Finalmente, este capítulo presenta en detalle el sistema DEVICE de base de conocimiento orientado a objetos que integra múltiples tipos de reglas en un sistema de base de datos orientado a objetos (OODB) activo. Además, se discuten las aplicaciones basadas en el sistema DEVICE, como las bases de datos deductivas y el almacenamiento de datos.

2.16. Base de datos activa y sistemas de base de conocimientos

En esta sección se describen los sistemas activos de bases de datos y bases de conocimiento. Específicamente, presentamos varias técnicas para implementar reglas activas en un sistema de base de datos y para unificar reglas de alto nivel en un sistema de base de datos activo, lo que resulta en un sistema de base de conocimientos activo.

A. Espectro de reglas

Los sistemas de gestión de la base de conocimientos son sistemas normales de gestión de bases de datos ampliados con algún tipo de conocimiento. El conocimiento normalmente significa algún tipo de lenguaje declarativo y toma la forma de reglas[1]. Según el tipo de regla que se haya integrado en un SGBDR, se distinguen dos tipos de SGBDR: sistemas de base de datos deductivos y activos. Las bases de datos deductivas[1-3] utilizan reglas de estilo de programación de lógica declarativa (también llamadas reglas deductivas) que añaden el poder de vistas definidas recursivamente a las bases de datos convencionales. Las reglas deductivas describen datos nuevos y derivados en términos de datos existentes de forma declarativa, sin una descripción exacta de cómo se crean o tratan los nuevos datos.

Por otro lado, los sistemas de bases de datos activos amplían los sistemas de bases de datos tradicionales con la capacidad de realizar determinadas operaciones automáticamente en respuesta a determinadas situaciones que se producen en la base de datos. Por esta razón, utilizan reglas de acción de situación de nivel inferior (también llamadas reglas activas), que se lanzan cuando se produce una situación en la base de datos. Como consecuencia, se realiza un conjunto de acciones en la base de datos. Las reglas activas pueden utilizarse para proporcionar una funcionalidad variable al sistema de base de datos, como las restricciones de integridad de la base de datos, las vistas y los datos derivados, la autorización, la recopilación de estadísticas, la supervisión y las alertas, las bases de conocimientos y los sistemas expertos, y la gestión del flujo de trabajo. Las reglas activas pueden adoptar la forma de reglas basadas en datos o en eventos.

Las reglas basadas en datos o de producción son más declarativas que las reglas basadas en eventos[4] porque su parte de situación es una descripción declarativa de una situación de disparo (una consulta) sin una definición exacta de cómo o cuándo se detecta esta situación.

Las normas de actuación en función de los acontecimientos o de las condiciones de los acontecimientos (ECA) son más procesales porque definen explícitamente su situación desencadenante[5]. Específicamente, las reglas ECA se desencadenan por un evento que ocurre dentro o fuera del sistema, se verifica una condición para verificar el contexto desencadenante y, finalmente, se ejecutan las acciones.

A pesar de las diferencias entre los dos tipos de reglas en cuanto a sintaxis, semántica, uso e implementación, Widom[5] propuso que las reglas activas y deductivas no son distintas sino que forman un espectro de paradigmas de reglas. Widom describió un marco general común bajo el cual todos los tipos de reglas que se encuentran en la literatura pueden ser colocadas adaptando ligeramente el marco.

La Figura 1 muestra cómo encajan los dos tipos de reglas en el espectro de reglas. Todos los paradigmas de reglas son útiles en un KBMS activo. Por lo tanto, la unificación de los diversos tipos de reglas en un solo sistema es una tarea de investigación importante que ha recibido considerable atención en la literatura reciente. Según Widom, las reglas de nivel superior pueden traducirse en reglas de nivel inferior (y, por lo tanto, ser emuladas por éstas). Además, la semántica de las normas de nivel superior puede ampliarse para cubrir la semántica de las normas de nivel inferior, de modo que estas últimas puedan utilizarse en un sistema que admita un sistema de normas de nivel superior.

En esta sección, presentamos varios enfoques de bases de datos activas con más detalle y luego discutimos varias técnicas para unificar algunos o todo el conjunto de los dos tipos de reglas. Obsérvese que la presentación de la aplicación de las reglas deductivas sobre una base de datos activa se aplaza hasta la Sección IV, donde las bases de datos deductivas se describen como una aplicación de los sistemas de base de conocimientos activos.

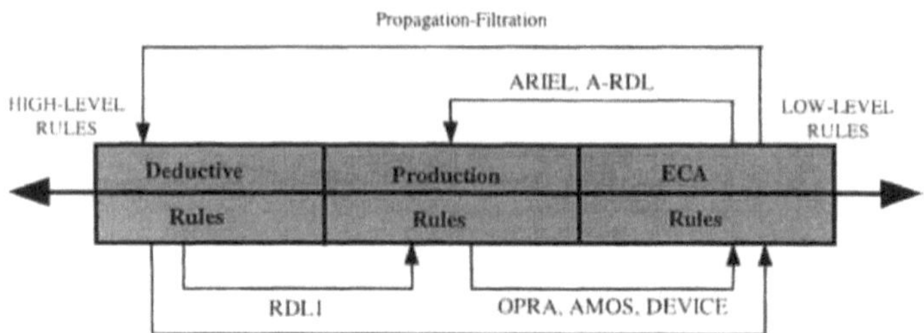

Figura 9: El espectro de reglas.

B. Sistemas de bases de datos activas

Un sistema de base de datos activo (ADB) es un sistema de base de datos convencional, pasivo y con capacidad de comportamiento reactivo. Esto significa que el sistema puede realizar determinadas operaciones automáticamente, en respuesta a determinadas situaciones que se han producido en la base de datos.

Un ADB es significativamente más poderoso que su contraparte pasiva porque tiene las siguientes capacidades:

• Puede realizar funciones que en sistemas de bases de datos pasivas deben ser codificadas en aplicaciones.

• Puede facilitar aplicaciones que van más allá del alcance de los sistemas de bases de datos pasivas.

• Puede realizar tareas que requieren subsistemas de propósito especial en sistemas de bases de datos pasivas.

El comportamiento activo deseado de los ADBs se especifica normalmente mediante reglas activas. Existe cierta confusión sobre el término "reglas activas"; por este término, algunos investigadores[4, 6] denotan las reglas de producción encontradas en la tecnología de sistemas expertos[7, 8], mientras que otros se refieren a las reglas de acción

124

de condiciones de eventos[9-12] encontradas en muchos sistemas de bases de datos activos.

A partir de ahora, utilizaremos el término "reglas activas" para denotar colectivamente tanto los tipos de reglas impulsadas por datos como por eventos, pero, para evitar confusiones, utilizaremos los términos específicos para referirnos a cada uno de los dos tipos de reglas activas:

• Las reglas de producción o "basadas en datos" son

reglas de la forma SI condición ENTONCES acción

La condición de estas reglas describe los estados de datos que debe alcanzar la base de datos. Cuando se cumple la condición, se lanza la regla de fabricación (o se lanza) y su conjunto de acciones se ejecuta contra la base de datos.

• Las reglas ECA o "controladas por eventos" tienen el formulario ON event IF condition THEN action

La regla ECA se activa explícitamente cuando se detecta el evento de la regla, ya sea interna a la base de datos (causada por un operador de manipulación de datos) o externa (causada por otro sistema). A continuación, se verifica la condición de la regla y, si se cumple, se ejecuta la acción de la regla.

Normalmente, los sistemas ADB soportan sólo uno de los dos tipos de reglas activas. Sin embargo, algunos sistemas soportan ambos.

I. Reglas de acción de condiciones del evento

En la literatura hay varios sistemas del BAsD que apoyan las normas de la ECA. La mayoría de ellos están orientados a objetos, como HIPAC[10], SENTINEL[9], REACH[13], ADAM/EXACT[14, 11], SAMOS[12], AMOS[15], ACOOD[16] y NAOS[17].
Las reglas ECA son la opción más "natural" para el soporte de reglas genéricas porque los eventos se ajustan al paradigma de paso de mensajes de la computación orientada a objetos y cada mensaje o método reconocible puede ser un evento potencial. Por lo tanto, la

ejecución de reglas ECA puede ser fácilmente implementada como un "desvío" de la ejecución normal del método.

Justo antes y/o inmediatamente después de la ejecución del método, existe la oportunidad de comprobar si hay un evento que deba ser monitorizado para este método y clase. Si lo hay, entonces se detecta la ocurrencia del evento y se envía una señal al administrador de eventos del sistema. La ejecución del método procede normalmente entre las dos fases de detección de eventos. Por lo tanto, la detección de eventos puede ser fácilmente implementada como un efecto secundario del mecanismo normal de ejecución del método OODB.

Los eventos pueden ser operaciones de base de datos o eventos de interés externos a la base de datos, por ejemplo, eventos de reloj o eventos del sistema operativo (interrupciones). Además, los eventos pueden ser simples {primitivos) o complejos {compuestos). Los eventos complejos son combinaciones de eventos simples a través de constructores de eventos, tales como conjunción, disyunción, secuencia y periódicos.

Los eventos complejos son útiles para integrar aspectos temporales en una base de datos activa o para expresar condiciones lógicas complejas, como en SNOOP/SENTINEL[18], SAMOS[19] y ODE[20]. Además, en la Sección III mostraremos cómo se han utilizado eventos complejos en DEVICE para integrar las reglas de producción en una base de datos activa[21]. En las bases de datos relacionales, existen varias técnicas de implementación diferentes. Esto se debe principalmente a que las bases de datos relacionales tienen una serie de operaciones genéricas predefinidas que son comunes a todas las relaciones. Por lo tanto, sería bastante ineficiente comprobar los eventos cada vez que una operación genérica, como insertar o borrar, se ejecuta en cualquier relación.

Entre los primeros sistemas de bases de datos relacionales que apoyaron las normas del TCE se encuentran POSTGRES[22] y STARBURST[23]. POSTGRES utiliza una técnica de marcado en tupla, en la que cada tupla que es candidata a desencadenar una regla ECA se marca permanentemente con un bloqueo de regla que indica qué regla se desencadenará en tiempo de ejecución. A veces, en cambio, se coloca un bloqueo de regla en la relación, cuando la granularidad de la regla no puede determinarse en el momento de la creación de la regla o con fines de ahorro de espacio. En tiempo de ejecución, se comprueba que la tupla "modificada" no tenga bloqueos de reglas y se ejecutan las reglas apropiadas.

STARBURST utiliza sus funciones ampliadas (como los procedimientos de fijación, que son similares a los demonios de los sistemas expertos basados en marcos) para registrar las operaciones que activan las normas ECA. Al final de la transacción o en puntos de verificación especificados por el usuario, el gestor de reglas recoge las reglas desencadenadas del log y las ejecuta.

Finalmente, A-RDL[24] y ARIEL[4] soportan eventos y reglas ECA sobre reglas de producción utilizando relaciones delta, una técnica que se describirá en detalle en la siguiente subsección.

a. Modos de Acoplamiento

Un aspecto importante de la ejecución de las reglas ECA es el momento exacto de la detección de eventos, la comprobación de la condición y la ejecución de la acción en relación con la operación desencadenante y el final de la transacción. Existen tres posibilidades para el procesamiento relativo entre la detección de eventos y la comprobación del estado[acoplamiento de evento-condición (EC)] y entre la comprobación del estado y la ejecución de la acción[acoplamiento de condición-acción (CA)], denominadas modos de acoplamiento de regla:

• Inmediato. No hay ningún retraso entre la evaluación y la ejecución de las partes de la norma del antecesor y del sucesor de la CEPA. Por ejemplo, la acción se ejecuta inmediatamente después de que se cumpla la condición.

• Aplazado. La evaluación-ejecución de la parte sucesora de la norma del TCE se retrasa hasta el final de la operación en curso. Por ejemplo, la condición de la regla no se verifica después de que se haya señalado su evento, sino que se verifica al final de la operación. Este modo de acoplamiento puede resultar útil, por ejemplo, para comprobar las restricciones de integridad, donde muchas actualizaciones individuales violan la restricción, pero el efecto general es una transacción válida. Si la condición se comprueba inmediatamente después de la primera actualización "ilegal", se detectará una violación de restricción, mientras que si la comprobación se retrasa hasta el final de la transacción, la violación de restricción puede haber sido reparada mediante actualizaciones posteriores.

• Desacoplado. La evaluación-ejecución de la parte sucesora de la regla ECA se realiza en una transacción separada que puede o no depender de la transacción actual. Este modo es útil cuando se activan largas cadenas de reglas y es preferible descomponerlas en transacciones más pequeñas para aumentar la concurrencia y disponibilidad de la base de datos.

Una descripción más detallada de los conceptos y características de los BAD puede encontrarse en el Manifiesto del Sistema de Gestión de Bases de Datos Activas[25]. La mayoría de los sistemas anteriores del BAD pueden encontrarse en una excelente colección de prototipos de investigación del BAD[26]. Aquí hemos intentado introducir algunos de los conceptos de reglas activas y presentar algunos detalles de implementación sobre varios sistemas de reglas activas que nos ayudarán en nuestra discusión posterior sobre la integración de reglas múltiples.

2.17. Reglas de producción

Varios sistemas activos de bases de datos relacionales, como RPL[27], RDLl[28], DIPS[29], DATEX[30] y ARIEL[4], soportan las reglas de producción al estilo de los sistemas expertos del tipo OPS5. Todos estos sistemas basan su funcionamiento en el ciclo match-select-act de los sistemas de reglas de producción[7]. Más concretamente, los sistemas de producción consisten en: a) la memoria de trabajo (WM), que contiene los datos iniciales de un problema más los resultados intermedios y finales, y b) la memoria de producción, que contiene las normas de producción. Análogamente, la memoria de trabajo de los sistemas de producción de bases de datos es la propia base de datos, mientras que las reglas de producción se mantienen en los diccionarios de reglas del sistema.

Durante la fase de ajuste del ciclo de producción, el sistema verifica qué condiciones de regla coinciden con los datos de la memoria de trabajo. Cuando una condición de regla se ha comparado con éxito con la memoria de trabajo y sus variables se han sustituido por valores reales, el proceso se denomina instanciación de reglas.

Los sistemas de producción ejecutan sólo una instanciación de reglas por ciclo; por lo tanto, cuando se coincide con más de una instanciación de reglas, todas las instanciaciones se colocan en el set de conflictos para ser consideradas posteriormente para su selección.

Durante la fase de selección, el sistema selecciona una única instanciación de reglas a partir del set de conflictos en función de varios criterios de resolución de conflictos. Finalmente, la instanciación de la regla seleccionada se ejecuta en la fase de acto. Las acciones de la regla de fabricación pueden hacer que se inserten o se eliminen del set de conflictos instanciaciones de reglas adicionales. Se continúa con el mismo procedimiento hasta que ya no quedan más instanciamientos de reglas en el conflicto establecido después de una fase de partido.

Uno de los cuellos de botella más importantes en el rendimiento de los sistemas de producción es la fase de ajuste. El enfoque ingenuo es hacer coincidir todas las condiciones de las reglas de producción con todos los elementos de la memoria de trabajo en cada ciclo. Sin embargo, varios algoritmos, como RETE[8], TREAT[31], A-TREAT[4], GATOR[32], y LEAPS[30], que
decidir gradualmente qué reglas deben añadirse o eliminarse del conjunto de conflictos que se han propuesto. Casi todos estos algoritmos se basan en la compilación de las condiciones de las reglas de producción en un gráfico que se denomina red de discriminación. Este último acepta las modificaciones que ocurrieron en la memoria de trabajo como entradas y salidas de las instancias de reglas que deben añadirse o eliminarse del conjunto de conflictos. La red de discriminación suele mantener cierta información sobre los elementos previamente insertados para poder decidir si los nuevos elementos combinados con los anteriores hacen que algunas reglas coincidan.

La mayoría de los sistemas de reglas de producción de bases de datos que mencionamos al principio de esta sección utilizan algún tipo de red de discriminación. Más específicamente, RPL utiliza una variación de la memoria principal de RETE, mientras que RDLl utiliza una red especial de petri llamada red de compilación de producción[33]. El sistema DIPS utiliza un novedoso y eficiente algoritmo de correspondencia de condiciones de reglas que almacena una variación "comprimida" de los tokens de red RETE en tablas relacionales. Finalmente, ARIEL utiliza el algoritmo A-TREAT, que utiliza memorias virtuales (para ahorrar espacio en comparación con

TREAT) junto con índices predicados de selección especiales para acelerar la prueba de las condiciones de selección de reglas.

Por el contrario, DATEX utiliza un esquema de marcado complicado[30], como POSTGRES, que emplea una serie de índices diferentes para guiar la búsqueda de las primeras condiciones de selección coincidentes y luego realizar uniones en la dirección adecuada de la condición. Sin embargo, creemos que los mismos principios generales se aplican tanto al algoritmo LEAPS como a los algoritmos de redes de discriminación, y la única diferencia conceptual en LEAPS es que la red de discriminación no está centralizada sino distribuida a través de varias estructuras de datos persistentes. Por supuesto, esta distribución tiene ciertas ventajas en cuanto a la complejidad de espacio y tiempo del algoritmo en comparación con los algoritmos de discriminación de la red. Sin embargo, el precio que hay que pagar es el aumento de la complejidad de la compilación y la incapacidad de añadir gradualmente nuevas normas.

2.18. Sistemas de Base de Conocimiento Activo

En la subsección anterior, presentamos la integración de varios tipos de reglas en varios sistemas de bases de datos. Todos los paradigmas de reglas son útiles para diferentes tareas en el sistema de base de datos. Por lo tanto, la integración de varios tipos de reglas en el mismo sistema es importante porque proporciona un único y flexible sistema.

Sistema de gestión de la base de conocimientos polivalente. Además, estos sistemas multiregla están activos porque soportan mecanismos de detección de eventos.

En esta subsección presentamos varias técnicas para unificar dos o más paradigmas de reglas diferentes. Más específicamente, recordemos la Fig. 1 de la subsección anterior, donde se muestran los sistemas que intentan integrar múltiples tipos de reglas usando un marco común junto con arcos que indican qué reglas son genéricas y cuáles son emuladas usando las reglas genéricas. En esta subsección describimos dos categorías principales de integración relativas a la ECA y a las normas de producción: a) la integración de las normas del TCE en los sistemas de normas de producción y b) la integración de las normas de producción en sistemas activos de bases de datos que sólo apoyen las normas del TCE. En la Sección IV, la unificación de

La semántica de la producción y de las reglas deductivas se presenta como una aplicación de los sistemas activos de base de conocimientos.

I. Integración de eventos en condiciones de regla de fabricación

Las reglas ECA son reglas de bajo nivel que describen explícitamente su tiempo de activación. Por ejemplo, la siguiente regla no permite que ningún empleado llamado"Mike" que gane más de 500.000 dracmas griegas sea insertado en la relación emp:

EN APÉNDICE emp

IF emp.name = 'Mike ' y emp . sal > 500000

THEN DELETE emp

Por otra parte, las reglas de fabricación no describen explícitamente cuándo se activan. En cambio, su condición declarativa establece que si de alguna manera, en algún momento, la situación se cumple en la base de datos, la regla se activa. Por lo tanto, una diferencia genérica entre la descripción del evento de las reglas de ECA y la condición de las reglas de producción es que la primera describe un cambio en el estado de la base de datos, mientras que la segunda describe un estado estático de la base de datos.

Para integrar los eventos en el estado de las reglas de producción, se necesita una nueva construcción para describir los cambios dinámicos en la base de datos en lugar de las condiciones estáticas. Esta construcción   se llama relaciones delta. Una relación delta consiste en las tuplas de una relación que se han modificado durante la transacción actual o entre los puntos de verificación de la regla.

Existen varias relaciones delta para cada relación normal de la base de datos para reflejar los diversos cambios que se pueden aplicar a una relación determinada: (a) para las tuplas que   se han insertado, (b) para las tuplas eliminadas, y (c) para las tuplas que se han actualizado. Las relaciones delta son relaciones transitorias que contienen modificaciones de datos durante una transacción. Después de que la transacción está comprometida, estas relaciones se reflejan en sus contrapartes normales.

Utilizando relaciones delta, la regla ECA presentada al principio de esta sección puede expresarse como la regla de fabricación.

IF e IN insertêmp y e.name= 'Mike ' y e.sal > 500000 THEN

DELETE e

Esta regla puede utilizarse indistintamente con la regla del TCE.

La técnica de relaciones delta ha sido utilizada por la mayoría de los sistemas que integran eventos en las reglas de fabricación. Por ejemplo, ARIEL[4] y A-RDL[34] son principalmente sistemas de reglas de base de datos de producción que también soportan el uso de reglas ECA utilizando relaciones delta. Por supuesto, sus enfoques son ligeramente diferentes de los que aquí se describen.

ARIEL permite la definición tanto de las normas de producción como de las normas ECA. Sin embargo, las condiciones de cualquiera de las dos clases de regla no pueden referirse directamente a las relaciones delta. En cambio, las relaciones delta son utilizadas por el mecanismo de bajo nivel para "traducir" el evento en una referencia de condición a una relación delta. Por supuesto, las condiciones de transición pueden ser expresadas; es decir,   la condición puede referirse explícitamente a los valores antiguos y nuevos de una tupla.

A-RDL, por otra parte, no permite la sintaxis de la regla ECA; es decir, los eventos no pueden definirse explícitamente. Sólo permite la sintaxis de la regla de producción con referencia explícita a las relaciones delta, lo que equivale a la definición del evento. Exactamente el mismo concepto se utiliza en la integración de reglas activas y deductivas utilizando el algoritmo de propagación-filtración[35].

2.19. Integración de reglas de fabricación en bases de datos activas

Las reglas ECA son el tipo de regla de nivel más bajo del espectro de reglas (Fig. 7); por lo tanto, proporcionan la mayor cantidad de construcciones de programación para implementar características adicionales con funcionalidad variable en bases de datos activas. Las reglas de producción, por otro lado, son herramientas de programación de alto nivel con una semántica simple y declarativa, que es sólo un subconjunto de la semántica que puede expresarse con las normas ECA. Por supuesto, las reglas de producción a cambio son más fáciles de usar para un usuario ingenuo que las reglas ECA.

La limitada funcionalidad de las normas de producción puede ser fácilmente "emulada" por las normas del TCE. La razón para hacerlo es que un solo sistema puede proporcionar ambos paradigmas de reglas para diferentes categorías de usuarios.

Existen dos enfoques para integrar las normas de producción en las normas del TCE: la norma única y la norma única. Ambos enfoques se basan en la compilación de una norma de producción en una o más normas del TCE. Las reglas de ECA se activan entonces por eventos de modificación de datos y actúan en consecuencia para implementar la semántica de las reglas de producción. En el resto de esta subsección, presentamos y comparamos estas dos técnicas de compilación de reglas de producción.

a. Enfoque multifuncional

Según el sistema de reglas múltiples, cada norma de producción se traduce en muchas normas del TCE. Cada regla ECA se desencadena por un evento simple y diferente, que se deriva de un único elemento de condición de la condición de la regla de fabricación. La condición de cada regla ECA es casi la misma que la condición de la regla de producción, menos el evento.

Esta técnica se ha propuesto tanto para las reglas de producción[36, 37] como para las reglas deductivas[38, 39]. Aquí nos concentramos únicamente en las reglas de producción; las reglas deductivas se describen en la Sección IV. Considerar la regla de fabricación

Pi : IF a&b&c THEN (acción)

donde a, b, c son patrones de prueba para elementos de datos (tuplas, objetos, etc.) que se llamarán en lo sucesivo partidas de datos por razones de brevedad. Note que estos patrones pueden incluir variables, incluso compartidas entre los patrones, que no se muestran en este y en los siguientes ejemplos de reglas. La regla anterior se compila en tres

Normas del TCE:

E P ^ L - ON inserción (a) IF b&c THEN

(acción) EP2 : ON inserción (b) IF a&c THEN

(acción) EP3 : ON inserción (c) IF a&b THEN

(acción)

La inserción de eventos (x)es un evento primitivo que se detecta y señala cuando el elemento de datos x se inserta en la base de datos.

Estas tres normas del TCE bastan para supervisar la base de datos en cuanto al cumplimiento de la condición de una norma de producción. No es necesario supervisar la eliminación de los elementos de datos a, b, c, porque no existe un conjunto de conflictos que contenga reglas de producción que hayan coincidido previamente pero que aún no hayan sido rechazadas. Por lo tanto, la falsificación de una condición   declarativa previamente satisfecha es indiferente.

b. Enfoque de una sola regla

El esquema de integración de la regla única se basa en la compilación de la condición de la regla declarativa en una red de discriminación que se construye a partir de eventos complejos. La red de eventos compleja se asocia con la parte de evento de una regla ECA. De este modo, la condición de la regla declarativa es supervisada constantemente por la base de datos activa. La parte relativa a la condición de la norma del TCE suele faltar, salvo en algunos casos que se mencionarán más adelante.

Por último, la parte de acción de la norma del TCE depende del tipo de norma declarativa. Esta técnica se ha propuesto tanto para las reglas de producción[21, 40] que se describen aquí como para las reglas deductivas[41] que se describen en la Sección IV.

De acuerdo con el sistema de compilación de normas únicas, la norma de producción Pîs se tradujo en la norma del TCE.

SPi: ON

insert(a)&insert(b)&insert(c)[I

F true] THEN (action)

donde el operador & denota la conjunción de los eventos.

El gestor de eventos del ADB supervisa individualmente los eventos primitivos precedentes. Cuando se detecta cada evento primitivo, sus parámetros se propagan y almacenan   en la red de discriminación, al igual que los sistemas de producción. Cuando se detecta más de un evento primitivo, sus parámetros se combinan en los nodos de la red para permitir la detección de la ocurrencia del evento complejo de forma incremental. Cuando finalmente se detecta el evento complejo, la condición de la regla ha sido igualada y el gestor de eventos envía un tuple (o token) con los parámetros del evento complejo al gestor de reglas, que es responsable de programarlo para su ejecución.

Observe que la coincidencia de condiciones incrementales requiere que cuando se detecte un evento primitivo, sus parámetros deben compararse con los parámetros de todos los eventos previamente detectados para el resto de los eventos, en lugar de sólo con los eventos actuales. Para lograr esto, los parámetros de todos los eventos se mantienen en la red de eventos complejos incluso después de la finalización de la transacción. En realidad, nunca se borran a menos que se emita un borrado explícito.

El enfoque de regla única corrige muchos de los siguientes problemas asociados con el enfoque de regla múltiple:

Actualización de reglas. En el esquema de conversión de reglas múltiples, para eliminar o desactivar temporalmente una regla de producción, se debe realizar la misma operación con todas las reglas ECA relacionadas. Sin embargo, esto requiere un cuidado especial porque el usuario podría olvidar algunas de las reglas del ECA, y la base de reglas se volvería inconsistente.

El enfoque de la regla única evita este problema al crear una sola regla, que se mantiene más fácilmente. La desactivación de todos los eventos (tanto simples como complejos) asociados a una regla borrada o desactivada es realizada automáticamente por el sistema.

Comprobación de condiciones redundantes. Recordemos la regla de producción Pând el equivalente (de acuerdo con el esquema de traducción multiregla) de tres reglas ECA EP1-EP3. Supongamos que las normas del TCE tienen modos de acoplamiento CE inmediatos. Examinaremos lo que sucede cuando la secuencia de eventos insert(c); insert(b); insert(a) ocurre en la misma transacción en una base de datos vacía.

Las reglas ECA se consideran en el orden EP3, EP2, EP^. Primero se lanzan EP3 y después EP2 pero no se ejecutan porque no se cumplen sus condiciones. Finalmente se activa EPîs, se cumple su condición y se ejecuta la acción. Este comportamiento es correcto porque la regla de producción P^ se habría disparado bajo la misma secuencia de inserción.

Sin embargo, la secuencia anterior de desencadenamiento de reglas crea problemas de rendimiento porque se desencadenan tres reglas ECA y seis elementos de condición se verifican con éxito o no. Cada uno de los tres elementos de condición a, b, c se comprueba dos veces; la primera vez falla la comprobación, mientras que la segunda tiene éxito. Esta redundancia conduce a un rendimiento deficiente en comparación con el rendimiento del enfoque de regla única[40, 41], en el que cada elemento de datos se comprueba una sola vez.

Ejecución de Acción Redundante. Ahora reconsidere la secuencia de ocurrencia del evento precedente con la suposición de que las tres reglas ECA han diferido el modo de acoplamiento EC. Esto significa que, al final de la operación, se lanzan y ejecutan todas las reglas del TCE porque las partidas de datos ya se han insertado en el momento en que se consideran las condiciones de la regla. Sin embargo, las tres reglas ejecutarán la misma acción. Esto crea un problema porque es incorrecto.

Por supuesto, se pueden establecer varias estrategias y/o prioridades de resolución de conflictos en el momento de la compilación o durante el diseño de la base de reglas del TCE para evitar la ejecución redundante de múltiples acciones de reglas. Sin embargo, esta solución complica aún más las cosas porque estas estrategias de resolución de conflictos deben aplicarse por separado de los criterios de resolución de conflictos que se basan en la semántica.

El enfoque de la regla única evita este problema al tener una sola regla. Además, el sistema DEVICE que se presentará en la siguiente sección tiene un gestor de reglas centralizado que resuelve los conflictos entre múltiples reglas de producción, permitiendo que una sola regla se dispare de acuerdo con varios criterios de resolución de conflictos que se basan en la semántica de la aplicación.

2.20. Dispositivo: un sistema activo de base de conocimientos orientado a objetos

En la sección anterior presentamos varias técnicas para unificar dos o más paradigmas de reglas diferentes. Entre las técnicas presentadas figuraba el plan de traducción de regla única, que integra las normas de producción y deducción en un sistema de base de datos activo que, de manera genérica, sólo soporta las normas del TCE.

En esta sección, presentamos en detalle un sistema activo de base de conocimiento orientado a objetos, llamado DEVICE[21, 40, 41], que utiliza el enfoque de traducción de una sola regla.

En las siguientes secciones, primero describimos la arquitectura y el lenguaje de reglas de producción del sistema DEVICE. A continuación se describe la semántica operativa de las reglas de producción en DEVICE junto con su integración con las reglas ECA. Los detalles de la compilación de las condiciones de las reglas de producción en redes de eventos complejas se presentan por separado para aclarar cómo se ajustan gradualmente las condiciones de las reglas en el tiempo de ejecución. En la siguiente sección, presentamos las bases de datos deductivas como una aplicación de DEVICE mediante la implementación de reglas deductivas sobre las reglas de producción.

149

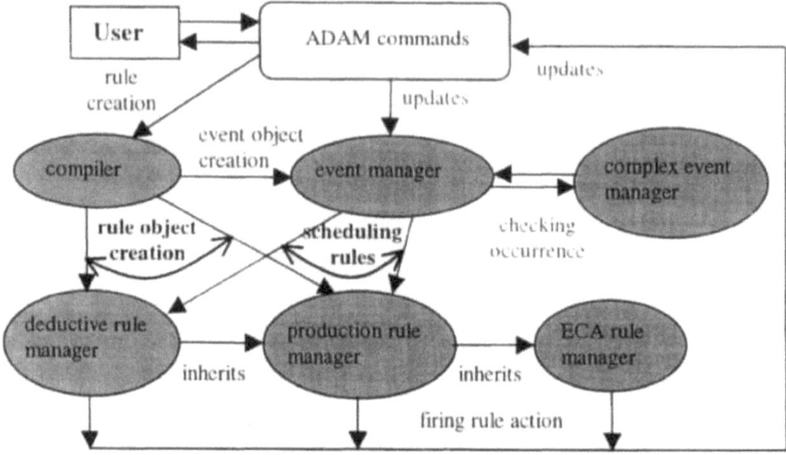

Figura 10: La arquitectura del sistema DEVICE.

Capítulo 3

3.1. Introducción

El Knowledge-Based Expert System (KBES) es la primera realización de investigación   en el campo de la Inteligencia Artificial (IA), en forma de tecnología de software. Para los desarrolladores de software de aplicación, en particular en las disciplinas médicas y de ingeniería, se trata de

fue una gran ayuda, ya que abordó el proceso de toma de decisiones con el uso de símbolos en lugar de números. Las tareas pertenecientes a la categoría de clasificación y diagnóstico fueron las primeras en beneficiarse de la aparición de la tecnología KBES. Aunque los investigadores de la IA estaban llevando a cabo un procesamiento simbólico mucho antes, los resultados de dicha investigación sólo podían llevarse de un laboratorio a otro cuando se introdujo el KBES como una herramienta de software para abordar una clase de problemas que requería la simulación del proceso de toma de decisiones basado en el conocimiento.

Varios artículos aparecieron en muchas revistas, artículos técnicos fueron presentados   en conferencias y libros aparecieron en el mercado sobre este tema a finales de los años setenta y principios de los ochenta[1-5]. Además de éstos, varios artículos aparecieron en diferentes revistas específicamente sobre los dos sistemas expertos, a saber, MYCIN y DENDRAL.

Esto permitió comprender la anatomía de la KBES y su funcionamiento[6,7]. Para el desarrollo de estos sistemas trabajaron varios investigadores líderes, responsables de la realización de esta tecnología.

Los investigadores que trabajan en el área de la Ingeniería Asistida por Ordenador (CAE) en muchas de las principales universidades mostraron un interés activo en el desarrollo ulterior de esta tecnología, explorando sus diferentes aspectos y su aplicabilidad a diferentes campos de la ingeniería[8-13]. Más tarde, varios investigadores de todo el mundo se unieron a la lucha por llevar a cabo la investigación y el desarrollo para llevar adelante esta tecnología y hacerla más útil para la resolución de problemas. Como resultado de todos estos desarrollos, las industrias empezaron a darse cuenta del potencial de la tecnología y desde entonces se han movido en la dirección de llevar los sistemas prototipo desde el laboratorio hasta sistemas de trabajo completos en el campo. Este capítulo presenta la tecnología de KBES, su arquitectura, la descripción de sus componentes, metodologías de resolución de problemas con ilustración y desarrollo de aplicaciones. Las técnicas de búsqueda de la IA y los conceptos relacionados, tales como reducción de problemas, gráficos AND-OR, etc., presentados en el Capítulo 2 se elaboran aquí y su uso en el diseño y desarrollo de sistemas expertos se presenta en este capítulo. Un entorno de desarrollo de sistemas experto

DEKBASE se presenta al final del capítulo, lo que dará a los lectores una visión profunda de los diferentes aspectos del proceso de desarrollo de sistemas expertos.

3.2. ¿Qué es KBES?

Los KBES son programas de ordenador diseñados para actuar como un experto para resolver un problema en   un dominio en particular. El programa utiliza el conocimiento del dominio codificado en él y una estrategia de control especificada para llegar a las soluciones.

Como la base de conocimiento forma una parte integral, pero implícitamente entendida, de una KBES, el adjetivo basado en el conocimiento a menudo no se utiliza. Por lo tanto, los términos sistema experto y sistema experto basado en el conocimiento pueden utilizarse indistintamente. Un sistema experto no se llama un programa, sino un sistema, porque abarca varios componentes diferentes como la base de conocimientos, los mecanismos de inferencia, la facilidad de explicación, etc. Todos estos diferentes componentes interactúan juntos para simular el proceso de resolución de problemas por parte de un experto reconocido de un dominio.

Un examen minucioso de cualquier proceso de toma de decisiones por parte de un experto revela que éste utiliza los hechos y la heurística para llegar a las decisiones. Si la decisión que se debe tomar se basa en hechos establecidos de manera sencilla, utilizando una heurística como una regla empírica, entonces puede ser un proceso trivial. Por ejemplo, si la luz de una viga es de 12 pies, entonces la profundidad de la viga se fija en 12 pulgadas. Aquí el hecho usado para tomar la decisión es que la luz de la viga es de 12 pies y la heurística utilizada es proporcionar una pulgada de profundidad por cada pie de luz o, en otras palabras, la profundidad de la viga = luz/12.

La solución obtenida para un caso de una luz de 12 pies es aceptable. Pero la heurística no puede aplicarse ciegamente en todos los casos. Considere una envergadura de 4 pies. Una viga con una profundidad de   4 pulgadas no es aceptable porque una viga debe tener alguna profundidad mínima. Del mismo modo, una viga no puede ser excesivamente profunda, debido a muchas consideraciones. Por lo tanto, al utilizar la heurística anterior, el ingeniero también comprueba otras condiciones para que la solución obtenida sea aceptable. Un sistema experto simula estos procesos de toma de decisiones utilizando los datos y conocimientos disponibles. Se requiere más de una unidad de conocimiento para el proceso de toma de decisiones antes mencionado. Además de los conocimientos contenidos en la heurística, deben comprobarse las condiciones límite de la profundidad, que el ingeniero conoce por su experiencia o en base a las disposiciones de los códigos de diseño. Esencialmente un KBES funciona de la manera en que se toma la decisión en el caso anterior. Tratemos de entender los diferentes componentes del sistema con el problema sencillo antes mencionado como ejemplo ilustrativo. La siguiente es una representación formal de los pasos seguidos para la toma de decisiones.

1. Obtener la luz de la viga

2. Usar la heurística y llegar al valor de la profundidad del rayo

3. Comprobar el valor obtenido de la profundidad del haz para detectar cualquier

   violación de los valores aceptables Los componentes de un sistema de toma de

   decisiones basado en el conocimiento pueden identificarse
de las declaraciones anteriores.

Hemos utilizado dos entidades, a saber, el tramo de haz y la profundidad del haz. Cuando se asignan valores apropiados a estas entidades, se convierten en hechos. Por ejemplo, la luz   de la viga = 12 pies es un hecho. La heurística utiliza este hecho para llegar a un valor para la profundidad de la entidad del rayo. La heurística puede ser formalmente escrita de la siguiente manera.

SI el alcance del haz es conocido

ENTONCES la profundidad del haz

es (alcance del haz/12)

La heurística escrita anteriormente usando la conocida construcción IF-THEN contiene el conocimiento necesario para tomar la decisión sobre la profundidad del rayo.

La decisión obtenida es incompleta, a menos que se verifique un rango válido como el descrito. Otras dos declaraciones que utilizan las mismas construcciones IF-THEN pueden ser escritas para representar el conocimiento requerido para dicha verificación.

ENTONCES limite la profundidad

de la viga a 9 pulgadas ENTONCES

limite la profundidad de la viga a 9

pulgadas ENTONCES limite la

profundidad de la viga a 3 pies

Cabe señalar que el tipo de conocimiento heurístico y otras reglas generales o directrices especificadas en los códigos de diseño pueden muy bien representarse en forma de construcciones IF- THEN llamadas reglas de producción. No sólo son fáciles de entender, sino que su representación es también muy simple, lo que resulta en una fácil implementación en un ordenador.

Sólo se utilizan tres reglas de producción para representar el conocimiento en la ilustración anterior. Pero a medida que el problema crece, más y más hechos tienen que ser generados basados en hechos ya establecidos. Por ejemplo, después de establecer la profundidad del haz, si se desea comprobar la altura libre disponible, se requiere una fuente adicional de conocimientos, que también puede representarse en forma de reglas. Así, en una solicitud, las decisiones se toman o los hechos se establecen de manera secuencial, utilizando hechos ya establecidos. Este proceso de utilizar los hechos y conocimientos actuales contenidos en la base de conocimientos para establecer hechos o decisiones adicionales continúa como una cadena, hasta que se establece un hecho especificado como objetivo. El mecanismo de control lleva a cabo principalmente un tratamiento simbólico llamado inferencia. Puede haber un número de maneras diferentes en las que el conocimiento contenido en las reglas puede ser utilizado para inferir. Por lo tanto, el mecanismo de control puede consistir en muchas estrategias de inferencia diferentes. Por lo tanto, estos dos -la base de conocimientos y los mecanismos de inferencia- constituyen los principales componentes de una estrategia de desarrollo de la capacidad.

3.3. Arquitectura de KBES

Como se ha descrito en la sección anterior, una base de conocimientos y un motor de inferencia que consiste en uno o más mecanismos de inferencia forman los componentes principales de una sistema experto. Cuando un sistema experto inicia el proceso de inferencia, es necesario almacenar los hechos establecidos para su uso posterior. El conjunto de hechos establecidos representa el contexto, es decir, el estado actual del problema que se está resolviendo. Por lo tanto, este componente a menudo se denomina contexto o memoria de trabajo.

Siempre que un experto toma una decisión, uno tiene curiosidad por saber cómo llegó a esa decisión. Además, cuando el experto solicita información o datos, uno quisiera saber por qué se requiere esa información. El experto utiliza el conocimiento que tiene y el contexto del problema para responder a las preguntas como, por ejemplo, cómo se toma una decisión o por qué se necesita un dato. Un módulo separado, llamado instalación de explicación, simula el proceso de respuesta a las consultas de por qué y cómo. Este módulo también forma parte integral de cualquier sistema experto.

El proceso de recopilación, organización y compilación de los conocimientos y su aplicación en forma de base de conocimientos es una tarea laboriosa. No termina con el desarrollo del sistema. La base de conocimientos debe actualizarse y/o añadirse continuamente en función del crecimiento de los conocimientos en el ámbito de que se trate. Un servicio de adquisición de conocimientos, que actuará como interfaz entre el experto/ingeniero de conocimientos y la base de conocimientos, puede ser un componente integral de un sistema de expertos. Al no ser un componente en línea, puede ser implementado de muchas maneras.

Un usuario del sistema experto debe interactuar con él para proporcionar datos, definir hechos y supervisar el estado de la resolución de problemas. La transmisión de información, ya sea textual o gráfica, al usuario también debe hacerse de una manera muy eficaz. Así, un módulo de interfaz de usuario con la capacidad de manejar información textual y gráfica forma otro componente del sistema experto.

Como se ha visto hasta ahora, la base de conocimientos y el motor de inferencia son los componentes más importantes de un KBES.

Por lo tanto, se requiere una mirada detallada de estos para una mejor comprensión de la tecnología. Las siguientes secciones presentan una descripción detallada de la base de conocimientos y los mecanismos de inferencia.

3.3.1 Base de conocimientos

La base de conocimientos contiene los conocimientos específicos del campo necesarios para resolver el problema. La base de conocimientos es creada por el ingeniero de conocimientos, que realiza una serie de entrevistas con el experto y organiza los conocimientos en una forma que puede ser utilizada directamente por el sistema. El ingeniero de conocimiento tiene que tener el conocimiento de la tecnología KBES y debe saber cómo desarrollar un sistema experto utilizando un entorno de desarrollo o un shell de desarrollo de sistema experto. No es necesario que el ingeniero del conocimiento sea competente en el campo en el que se está desarrollando el sistema experto. Pero siempre es deseable un conocimiento general y una familiaridad con los términos clave utilizados en el dominio, ya que esto no sólo ayudará a comprender mejor el conocimiento del dominio, sino que también reducirá la brecha de comunicación entre el ingeniero del conocimiento y el experto. Antes de decidir sobre la estructura de la base de conocimientos, el ingeniero del conocimiento debe tener una idea clara de los diferentes esquemas de representación del conocimiento y de la idoneidad de cada uno en diferentes circunstancias.

El conocimiento que se utiliza en la resolución de problemas en ingeniería se puede clasificar ampliamente en tres categorías, a saber, conocimiento compilado, conocimiento cualitativo y conocimiento cuantitativo. Los conocimientos resultantes de la experiencia de los expertos en un campo, los conocimientos obtenidos de manuales, registros antiguos, especificaciones estándar, etc., forman parte de los conocimientos recopilados. El conocimiento cualitativo consiste en reglas generales, teorías aproximadas, modelos causales de procesos y sentido común. El conocimiento cuantitativo trata de técnicas basadas en teorías matemáticas, técnicas numéricas, etc. El conocimiento recopilado, así como el cualitativo, pueden clasificarse en dos grandes categorías, a saber, el conocimiento declarativo y el conocimiento procesal[14]. Declarativo el conocimiento se refiere al conocimiento sobre las propiedades físicas del dominio del problema, mientras que el conocimiento procedimental se refiere a las técnicas de resolución de problemas.

El desarrollo de un sistema experto en un campo de la ingeniería requeriría el uso de todas estas formas de conocimiento. Por supuesto, es el dominio de aplicación el que determina la naturaleza del conocimiento que entra en él.

Considere, por ejemplo, el dominio del diagnóstico de la angustia en los edificios. Es necesario averiguar cómo se forma una grieta en la pared de ladrillo de un edificio. Para llegar a las causas de la fisura, el sistema debe conocer la posición del muro, el tipo de muro (de carga, de relleno o de tabique), el espesor del muro, la proporción de la mezcla utilizada para el mortero, el tipo de construcción del edificio, etc. Dependiendo del tipo de pared, se requieren conocimientos sobre cimientos, tipo de suelo, detalles de diseño de vigas y columnas en el suelo, etc. Además de lo anterior, también se requiere conocimiento sobre cómo utilizar la información disponible para deducir las razones de la grieta. La primera parte del conocimiento (conocimiento declarativo) mencionado anteriormente describe el escenario, mientras que la segunda parte del conocimiento describe cómo utilizar el conocimiento (conocimiento procedimental) para llegar a la decisión. Por lo tanto, para el desarrollo de una KBES, se deben conocer los diferentes esquemas de representación del conocimiento y los posibles modos de interacción entre ellos.

El desarrollo de un sistema experto implica tareas como la adquisición de conocimientos de un experto reconocido en la materia, su documentación y organización, la generación de una red de conocimientos para comprobar las relaciones entre las diferentes fuentes de conocimiento, la comprobación de la coherencia de los conocimientos y, finalmente, la transformación de la red de conocimientos en un programa informático utilizando las herramientas adecuadas. Tal programa, llamado sistema experto, es un sistema formal para almacenar hechos y sus relaciones y las estrategias para usarlos.	En general, un sistema experto tiene conocimiento sobre objetos físicos, relaciones entre ellos, eventos, relaciones entre eventos y relaciones entre objetos y eventos. Además, deben representarse los tipos de mecanismos de búsqueda necesarios para impulsar la sistema. Dependiendo del tipo de problemas, deben representarse otros tipos de conocimiento, como las relaciones temporales, los niveles de incertidumbre de los hechos y las afirmaciones, los niveles de rendimiento, la diferencia en el comportamiento de los objetos en diferentes situaciones, las suposiciones, las justificaciones, el conocimiento sobre el conocimiento (meta conocimiento), las explicaciones adicionales sobre los hechos y las relaciones, etc. Señala el hecho de que la formalización de los conocimientos y las estrategias de resolución de problemas constituye una parte importante en el desarrollo de sistemas expertos. El mismo conocimiento puede ser representado utilizando más de un esquema formal, pero con diferentes grados de dificultad.

La dificultad no está en la representación del conocimiento, sino en su uso. La decisión sobre la selección de un esquema depende principalmente del tipo de aplicación que se esté construyendo. Además, se pueden adoptar diferentes esquemas de representación de conocimientos para el desarrollo de una aplicación. El ingeniero del conocimiento tiene que decidir qué parte del conocimiento debe ser representada en qué forma, dependiendo de la naturaleza del conocimiento y de la eficiencia de su uso. Los métodos más comunes de representación del conocimiento son:

1. Lógica predicada

2. Normas de producción

3. Cuadros (objetos) y redes semánticas

4. Programas convencionales

3.4. Lógica predicada

La lógica predicada proporciona mecanismos para la representación de hechos y razonamientos basados en la manipulación sintáctica de fórmulas lógicas. Utiliza reglas predefinidas de inferencia para la afirmación o deducción de hechos. En la lógica predicada de primer orden, las fórmulas se manipulan puramente en función de su forma o estructura. La mayor desventaja de este esquema es que no puede considerar el significado o el contenido semántico de la fórmula.

Esta página se ha dejado intencionadamente en blanco

Capítulo 4

En la lógica predicada, todas las deducciones se basan en afirmaciones lógicas y se garantiza que las reglas de inferencia son correctas. Además, un programa lógico generará todas las inferencias posibles que se pueden extraer de los hechos y las reglas.

Aunque tal predicado

Los sistemas lógicos deducen todos los hechos posibles, su capacidad para llevar a cabo una búsqueda restringida a través de los hechos y las inferencias es limitada. Esto se debe principalmente a su incapacidad para realizar búsquedas guiadas y también para representar estrategias de búsqueda. A medida que se generan nuevos hechos, las reglas de inferencia se aplican para afirmar nuevos hechos. Este proceso continúa conduciendo a la explosión combinatoria hasta que se alcanza un estado de objetivo.

Sólo una afirmación limitada de los hechos puede mejorar la situación, lo cual es difícil en la lógica predicada. Además, los sistemas lógicos predicados tratan de aplicar todas las reglas de inferencia a todos los hechos. No existe un mecanismo para agrupar hechos y asociar reglas de inferencia específicas a diferentes grupos. Incluso en un pequeño sistema basado en la IA de la vida real, puede haber una serie de hechos y reglas de inferencia. Debido a las limitaciones mencionadas anteriormente, se hace difícil aplicar la representación de conocimientos basados en la lógica predicada en sistemas expertos. Un buen esquema de representación del conocimiento debe tener la capacidad de representar situaciones de la vida real (objetos y relaciones entre ellos), que pueden ser explotadas mediante estrategias de búsqueda guiada eficientes y que reflejen mejor la forma en que los humanos perciben y piensan.

4.1. Cómo empezar a liderar una empresa basada en el conocimiento

En la gloriosa avalancha de consumo y crecimiento empresarial que siguió a la Segunda Guerra Mundial, el producto fue el rey. Tener los últimos y más nuevos productos y programas fue lo que le dio a la compañía una ventaja. Las empresas se diferenciaban en los productos; eran lo que ahora llamamos organizaciones *impulsadas por productos.*

Pero algo nuevo entró en el mercado en la década de 1980: el concepto de ofertas y abastecimiento único. Tener los productos más nuevos se volvió menos importante que tener la mejor estructura de costos, precios y amplitud de línea de productos. Las empresas tuvieron que pasar de producir en lo que eran buenas a producir (o al menos ser capaces de entregar) todo lo que sus clientes necesitaban. En muchos casos, eso significaba recoger la línea de productos de docenas de otros proveedores. La lucha *impulsada por el mercado* estaba en marcha.

Dos décadas de esto llevaron los márgenes a mínimos históricos para fabricantes como Buckman Labs. Eventualmente, nos quedamos sin formas de reforzar los márgenes mediante el ahorro de costes en los productos reales. Los supervivientes de la industria estaban todos juntos en el punto más bajo y todos vendiendo la producción de los demás y el mundo tenía que encontrar otra forma de diferenciarse entre ellos.

Cuando no puedes ser más barato o más completo que tu competencia, tienes que ser más inteligente. Es decir, usted tiene que ser capaz de averiguar lo que sus clientes potenciales necesitan en este momento y conseguirlo con tanta facilidad que tratar con usted hace que su propio trabajo sea más efectivo que el que se haría con otros proveedores. Lo que usted sabe y lo bien que puede utilizar su conocimiento se convierte en crucial para el éxito e incluso para la supervivencia: el mercado ya no está basado en el producto o en el mercado; está *basado en el conocimiento*. Y en un mercado impulsado por el conocimiento, el intercambio de conocimientos -la puesta en común de conocimientos tácitos y la comprensión de mente a mente en toda una organización- es lo que separa a los líderes de los que también lo son.

4.2. Pasar de un producto a otro basado en el conocimiento

Cuando se inician, la mayoría de las organizaciones se basan en el producto. En Buckman Labs, diseñamos una familia de productos para lograr un propósito en el mercado y nos enfocamos   en ser expertos en esa área del negocio. Nuestras necesidades de conocimiento se centraron en los clientes de esta línea limitada de productos. Construimos fábricas y vendimos su producción en los alrededores, vendiendo los mismos productos en tantas industrias como la fuerza de ventas pudiera cubrir. Se lograron economías de escala a medida que la producción era empujada por la puerta a tasas cada vez más altas de productividad. Cada organización era conocida en la industria por la experiencia que promovía. Así fue como conseguimos valor añadido en el mercado.

A medida que migrábamos hacia una organización impulsada por el mercado, nos dimos cuenta de que teníamos que cambiar nuestro enfoque. En lugar de vender a una amplia gama de clientes, necesitábamos desarrollar mercados particulares más plenamente

para poder llegar a ser dominantes en el mercado.

industrias en las que éramos fuertes. Es decir, en lugar de cubrir muchas industrias, necesitábamos centrarnos más intensamente en un número menor de industrias y posicionarnos para satisfacer más de sus necesidades. A pesar de esta concentración en menos industrias, nuestras necesidades de conocimiento se ampliaron drásticamente. Nuestra estrategia basada en el producto no podía estar a la altura de los acontecimientos en muchas partes del mercado.

Este tipo de consolidación es característico de muchas empresas en la economía actual. Puede ser impulsado tanto externamente por el cliente como internamente por la empresa. En cualquier caso, el cambio de enfoque es significativo. Las empresas deben buscar más oportunidades de un número menor de clientes. No es posible manejar tantos clientes diferentes como en el pasado con los recursos disponibles. Por lo tanto, es necesario buscar nichos en el mercado que permitan a una empresa obtener más valor agregado en la ecuación. Es esencial pensar en cruzar las fronteras nacionales y aprender cómo esto podría aumentar la participación en el mercado mundial.

Esto requiere un cambio de trabajar dentro de las estufas de las compañías operadoras a funcionar a nivel mundial a través de las estufas de las compañías operadoras. Para servir a los clientes globales, una empresa necesita equipos globales que puedan relacionarse con las necesidades globales de los clientes. Y a medida que una empresa construye sus propios equipos globales, pronto descubrirá que el conocimiento para satisfacer sus necesidades puede estar ubicado en cualquier parte de su organización. En la investigación, los equipos globales se centran en la creación de nuevos productos para satisfacer las necesidades específicas de los clientes; en la fabricación, trabajan para mejorar la calidad de los procesos globales. Mientras tanto, los equipos globales de finanzas trabajan para implementar el nuevo software empresarial y en marketing buscan adaptar el producto a la demanda de los clientes que tienen múltiples ubicaciones en diferentes partes del mundo.

Los clientes globales quieren cada vez más la consistencia de soluciones globales a sus problemas en diferentes partes del mundo. Si el cliente está pensando globalmente, entonces el proveedor necesita pensar en los problemas del cliente de forma global para lograr la consistencia del rendimiento a lo largo de su operación. En muchos casos, los equipos de proveedores están interactuando con los equipos de los clientes y todos ellos están funcionando de forma global. En otras palabras, dondequiera que se mire, hay que prestar atención a la forma en que las tendencias de los clientes determinan la dirección de su propia gente. Y no puedes esperar seguir el ritmo si tu gente trata de hacer esto cara a cara.

Ya nadie puede depender sólo de la gente que conoce. En la mayoría de los casos el conocimiento no estará dentro de ese pequeño grupo, por lo que todos deben interactuar con un grupo más grande, si quieren satisfacer las necesidades del cliente y de la organización. Esto significa que la empresa debe empezar a funcionar a través del tiempo y el espacio. Como antes, se trata de un impulso para aumentar el volumen dentro de un segmento con el fin de convertirse en un actor dominante a través de un mayor valor añadido. Esto implica empezar a asumir la responsabilidad de parte de la operación de los clientes, haciendo el trabajo más eficazmente de lo que ellos pueden.

Este cambio radical en la estrategia aumenta la presión sobre la organización y requiere un replanteamiento de la asignación de recursos para lograr el éxito. Avanzar hacia formas más complejas de interacción con los clientes requiere la movilización de toda la base de conocimientos de una organización. En Buckman Labs, hemos encontrado que la mayor parte de nuestra base de conocimiento está en la forma de conocimiento *tácito* (lo que la gente sostiene entre sus orejas y detrás de sus ojos).

Figura 11. Donde reside el conocimiento

Ya sea que una empresa esté orientada a los productos, al mercado, al conocimiento o a una combinación de los tres, debe identificar claramente lo que significa ese impulsor en términos de las necesidades de la organización. Esa se convierte en la estrategia de la organización, y toda la compañía necesita trabajar en conjunto para lograrlo. En particular, los servicios de apoyo como la tecnología de la información (TI) deben tener su estrategia en sintonía con la estrategia de la organización. Los departamentos de TI a menudo desarrollan sus propias mentes, lo cual es natural, tratando como lo hacen con tecnología que otras partes de la empresa no han dominado y que a menudo han evitado activamente. Pero para que el intercambio de conocimientos funcione, la TI no puede tener una agenda propia que vaya en contra de la estrategia de la organización. La mejor manera de mantener a todos enfocados en la estrategia es mantenerse enfocados en satisfacer las necesidades de la organización mientras se ejecuta esa estrategia.

En Buckman Labs, nos dimos cuenta de que lo que más necesitábamos era la generación de flujo de caja en primera línea. Todo lo demás surgió de eso. Necesitábamos reforzar la primera línea con el cliente para que nosotros fuéramos el lugar al que los clientes iban a por lo que necesitaban, en lugar de nuestros competidores, muchos de los cuales eran más grandes que nosotros. Comenzamos a construir toda nuestra estrategia en torno a esa idea. Y no estábamos solos en el esfuerzo. En un gran artículo titulado "Strategy as if Knowledge Mattered" (1996), Brook Manville y Nathaniel Foote esbozan un conjunto de principios operativos para la economía del conocimiento que cualquier empresa haría bien en tomar en serio hoy en día:

1. Las estrategias basadas en el conocimiento comienzan con la estrategia, no con el conocimiento.

2. Las estrategias basadas en el conocimiento no son estrategias a menos que se puedan vincular a las medidas tradicionales de desempeño.

3. Ejecutar una estrategia basada en el conocimiento no se trata de gestionar el conocimiento; se trata de nutrir a las personas con conocimiento.

4.	Las organizaciones aprovechan el conocimiento a través de redes de personas que colaboran, no a través de redes de tecnología que se interconectan.

5. Las redes de personas aprovechan el conocimiento a través de la"atracción" organizacional en lugar de la"presión" centralizada de información.

Manville y Foote señalan un corolario sombrío de la importancia del conocimiento tácito: la gente no lo compartirá voluntariamente con sus compañeros de trabajo si su cultura laboral no apoya el aprendizaje, la cooperación y la apertura. Y es desafortunadamente cierto que en la mayoría de los lugares de trabajo de hoy en día, la cultura desalienta activamente ese tipo de intercambio. proporciona los detalles de estos principios tal como los ven Manville y Foote; la discusión sigue mereciendo atención ahora, como lo confirma nuestra experiencia diaria en Buckman Labs.

4.3. Diseño y Uso de Facilidades de Explicación

La capacidad de proporcionar explicaciones que clarifiquen su funcionamiento y sus recomendaciones ha sido reconocida desde hace mucho tiempo como un componente integral de un sistema de expertos (ES). Por ejemplo, el sistema MYCIN incorporaba un sencillo mecanismo de explicación que proporcionaba explicaciones sobre la justificación y el rastro del razonamiento. También ha habido pruebas que sugieren que las explicaciones de SA son muy utilizadas por los usuarios y que esto tiene un impacto en su rendimiento (Ye y Johnson, 1995; Dhaliwal y Benbasat, 1996). La capacidad de proporcionar explicaciones también ha sido calificada como el principal requisito del usuario para un sistema experto (Teach y Shortliffe, 1981). Basándose en gran medida en la caracterización de Clancey (1983) de las funciones epistemológicas que el conocimiento puede desempeñar en las explicaciones expertas del sistema, se ha llegado a aceptar en general que las instalaciones de explicación deben proporcionar tres tipos de conocimiento correspondientes a las siguientes etiquetas de explicación: Por qué, cómo y explicaciones estratégicas. Por qué las explicaciones proporcionan conocimientos de justificación que aclaran las razones subyacentes y los fundamentos contextuales de una acción o estado basado en modelos causales. Cómo las explicaciones proporcionan conocimiento de trazado de razonamiento que aclara la estructura de la inferencia y describe el contenido.

Las explicaciones estratégicas proporcionan un metaconocimiento que aclara la estrategia de resolución de problemas y la estructura de representación. En la década de 1980, las primeras investigaciones sobre el diseño de instalaciones de explicación centradas en la forma en que los conocimientos contenidos en la base de conocimientos de   un ES podrían representarse de manera que se facilitara tanto el funcionamiento   óptimo del ES como la provisión de explicaciones a los usuarios. La atención se centró en algoritmos de aprendizaje automático y formalismos de representación del conocimiento que permitieran alcanzar ambos objetivos simultáneamente. En la década de 1990, sin embargo, la investigación sobre el diseño de las instalaciones de explicación de SA ha adoptado una orientación empírica de diseño de interfaces que reconoce que no todos los conocimientos necesarios para la explicación de SA pueden obtenerse a partir de la base de conocimientos de un SA. Ahora se considera como un problema de diseño independiente que debe considerarse de forma aislada y que plantea su propio conjunto de desafíos.

Este capítulo se centra en cuestiones de desarrollo y diseño relacionadas con la construcción de sistemas expertos de explicación de sistemas. La siguiente sección discute la relación entre el ciclo de vida de desarrollo de un sistema experto y el de la construcción de instalaciones de explicación. Sostiene que debe prestarse especial atención a los problemas singulares que plantea la creación de servicios de explicación. La sección 3 se centra en la progresión histórica en los tipos de explicaciones que se incorporan en las instalaciones de explicación de SA.

Este tipo de explicaciones también están vinculadas a varias estrategias genéricas para proporcionar explicaciones con el fin de fomentar el aprendizaje del usuario durante el uso de un SA y sus explicaciones. La sección 4 describe estudios recientes que han evaluado la provisión de explicaciones a los usuarios como un problema de diseño de interfaces y resume sus hallazgos. La Sección 5 discute varias consideraciones de diseño que deben ser consideradas por los diseñadores de instalaciones de explicación de SA. La Sección 6 destaca varias áreas de investigación que actualmente están siendo investigadas por la comunidad de investigadores de la SE, y la Sección 7 presenta la conclusión.

4.4. Etapas en el desarrollo de las instalaciones de explicación

La adquisición de conocimientos (KA) representa el proceso de adquisición de conocimientos con   el fin de construir un sistema experto. Es la primera de tres etapas secuenciales - (1) adquisición de conocimientos, (2) validación de conocimientos, y (3) implementación de conocimientos - que tienen que ser realizadas en la construcción de un sistema experto (ES). Existen varios métodos de adquisición de conocimientos, algunos de los cuales son manuales y otros automatizados. También hay varias pruebas y procedimientos que se pueden utilizar para validar el conocimiento que se adquiere antes de su implementación. Asimismo, a nivel de implementación, hay una variedad de formalismos de representación del conocimiento, así como procedimientos de inferencia disponibles para la selección por parte del ingeniero del conocimiento (KE).

Aunque se reconoce que la facilidad de explicación no es más que un aspecto crítico del conjunto total de capacidades que constituyen un sistema experto, la investigación sobre la cuestión del diseño de "cómo se desarrolla un sistema de explicación" no ha tenido el mismo nivel de éxito que la investigación sobre la cuestión de "cómo se desarrolla un sistema experto". Parte de la razón es que el proceso de desarrollo de las instalaciones de explicación ha recibido comparativamente menos atención. Otra razón se hace evidente si se aplican las tres etapas del desarrollo de sistemas expertos al proceso de desarrollo de un mecanismo de explicación, como se muestra en el Cuadro 4. Mientras que se ha dedicado una investigación significativa a las tres etapas del desarrollo de sistemas expertos -adquisición de conocimientos, validación de conocimientos e implementación de conocimientos-, la investigación en el desarrollo de instalaciones de explicación se ha centrado sólo en la etapa de implementación de la explicación.

Por ejemplo, ver las Actas del Taller de Explicación de la AAAI (1988) y también Abu-Hakima y Oppacher (1990) para los resúmenes. Una revisión de la literatura revela que hasta la fecha no se han estudiado las cuestiones relativas a las etapas de adquisición de la explicación y validación de la explicación.

Tabla 4: Etapas de la adquisición de conocimientos/explicación

Adquisición de conocimientos (KA)

Knowledge Validation (KV)

Knowledge Implementation (KI)

Explanation Acquisition (EA)

Explanation Validation (EV)

Explanation Implementation (EI)

Una de las razones por las que la investigación de las explicaciones de SA hasta la fecha se ha centrado principalmente en la implementación de la explicación, en contraposición a las dos etapas anteriores de adquisición de la explicación y validación de la explicación, ha sido la creencia de que todo el conocimiento requerido para proporcionar explicaciones, es decir, la base de explicación (EB), puede derivarse de la base de conocimientos (KB), que es el producto final de las tres etapas   del desarrollo del sistema de expertos, es decir, la adquisición de conocimientos, la validación de conocimientos y la validación de conocimientos, y que representa el conocimiento requerido para el propósito de la operación de los SA. Por ejemplo, las primeras investigaciones sobre la construcción de instalaciones de explicación se centraron en la manera en que la base de conocimientos podía representarse y aplicarse para facilitar la explicación (Swartout, 1983). Otros trabajos se centraron en el uso de formalismos de inferencia que facilitaron la provisión de explicaciones y la derivación óptima de la conclusión de un sistema experto. Para comprender plenamente esta creencia es necesario comparar la relación entre la base explicativa (EB) y la base de conocimientos (KB).

La creencia existente es que el EB es un subconjunto de la KB, es decir, todo el conocimiento requerido para proporcionar explicaciones puede derivarse del conjunto total de conocimientos que ha sido capturado e implementado como parte del desarrollo de sistemas expertos. Uno

La manifestación de esta creencia se hace obvia si se consideran las facilidades de explicación que se incluyen en los actuales shells de los sistemas expertos, por ejemplo, VPExpert (Wordtech Systems, 1993). El comando REPORTAR de esta shell muestra como explicación la regla de producción específica en la KB que se "instanció" por última vez cuando se accede a las opciones de explicación de Por qué o Cómo. Estas reglas, aunque posiblemente sean de utilidad para los ingenieros de conocimiento que realizan la validación o depuración de sistemas, ya que están diseñadas para facilitar el funcionamiento de la KB, no suelen ser muy útiles o comprensibles como explicaciones para los usuarios de sistemas expertos. Estas explicaciones que presentan representaciones internas del conocimiento en un sistema experto sólo satisfacen parcialmente los requisitos de la explicación de cómo, pero no los de las explicaciones de por qué y estratégicas. Considerando que estos tres tipos de explicaciones, que comprenden el trazado, la justificación y el conocimiento estratégico, constituyen en conjunto un instrumento aceptable de explicación basada en el conocimiento, se deduce que el KB, si bien es adecuado para los fines de la resolución de problemas de los sistemas expertos, es incompleto para el propósito de proporcionar explicaciones. Por lo tanto, es necesario considerar nuevos modelos de la relación entre el EB y la KB.

Este capítulo propone que sólo es posible derivar parte del conocimiento requerido para la explicación de los SA a partir de la base de conocimientos. También se debe realizar un esfuerzo significativo más allá de los que se realizan para construir la base de conocimientos para completar la base de explicaciones, especialmente en lo que se refiere a la justificación y el conocimiento estratégico necesario para proporcionar explicaciones de Por qué y Estratégicas. También hay otras razones que apoyan el argumento de que el EB debe considerarse como un subconjunto del KB. Por ejemplo, a menudo es difícil predecir de antemano el rango de usuarios que finalmente utilizarán un sistema experto. Estos usuarios pueden diferir en términos de propósito (resolución de problemas vs. aprendizaje), experiencia (expertos vs. novatos), etc. Por lo tanto, tiene sentido disociar el desarrollo de la base de conocimientos del desarrollo del servicio de explicación, ya que el diseño de este último debe incluir características críticas de la interfaz de usuario relativas a las personas a las que deben proporcionarse las explicaciones.

La adopción de tales modelos tiene varias implicaciones:

1. La EA puede requerir otras herramientas y técnicas, tanto automatizadas como manuales, más allá de las que están actualmente disponibles para KA.

2. EV puede necesitar el uso de otras pruebas y procedimientos además de los que se utilizan actualmente para el KV.

3. Podría haber sinergias en la planificación y coordinación de las CA y la EA.

4. Puede ser más eficiente y efectivo realizar EA antes de KA.

5. La EA puede ser de mayor importancia que la CA para ciertas categorías de usuarios, por ejemplo, los principiantes que requieren más explicaciones que proporcionen justificación y conocimientos estratégicos.

6. La EA puede ser de mayor importancia que la CA para ciertos tipos de tareas, por ejemplo, en el caso de las tareas de enseñanza asistida por computadora que enfatizan el aprendizaje exploratorio y las tareas en las que son factibles múltiples soluciones. Esto se debe a que los requisitos para el conocimiento explicativo serán mayores que en las situaciones diagnósticas habituales de resolución de problemas en las que se utilizan sistemas expertos.

4.5. Tipos de explicaciones del sistema de expertos y estrategias para proporcionar explicaciones

Las explicaciones de Por qué y Cómo, que fueron introducidas por primera vez en MYCIN (Shortliffe, 1976), siguen siendo la base de la mayoría de las facilidades de explicación que se encuentran en las aplicaciones actuales de ES y en los shells de desarrollo.

Se ha intentado incorporar otras formas de explicación. Éstas incluyen las explicaciones Estratégicas, Qué, y Y si... La clase estratégica de explicaciones proporciona una visión del metaconocimiento, especialmente de los objetivos de control y de las estrategias generales de resolución de problemas utilizadas por un sistema. Por ejemplo, el

El sistema NEOMYCIN describe explícitamente las estrategias de resolución de problemas en su propia base de conocimientos y las pone a disposición para su explicación (Hasling, Clancey y Rennels, 1984). Las explicaciones What están diseñadas para dar una idea de las definiciones de objetos o de las variables de decisión utilizadas por un sistema (Rubinoff, 1985).

Sirven como respuesta a preguntas como: "¿Qué quieres decir con nombre de objeto o variable?" La explicación de Qué es significativamente diferente de las funciones de búsqueda de suposición Y si... que se encuentran habitualmente en los sistemas de apoyo a la toma de decisiones. Estos se refieren a la capacidad de volver a ejecutar una consulta con parámetros de modelo modificados. Aunque estas funciones Y si.... pueden proporcionarse como parte de la interfaz ES, no se consideran como explicaciones per se, sino más bien como herramientas para el análisis de sensibilidad. Para ser considerado una categoría distinta de explicaciones, el análisis de suposición Y si... debe implementarse como la provisión directa y explícita de información sobre la sensibilidad de las variables de decisión a los usuarios de SA, en lugar de ser una facilidad para realizar análisis de sensibilidad.

Se han sugerido varias clasificaciones de los muchos tipos de explicaciones que deberían proporcionar los SA. Estas clasificaciones se pueden condensar como suscritas a uno de los dos criterios posibles para distinguir entre los tipos de explicaciones. El primer criterio es la naturaleza de las preguntas de explicación.

Por ejemplo, Wick y Slagle (1989) discuten explicaciones cuyas preguntas comienzan con Qué, Por qué, Cómo, Cuándo, Dónde, etc. Asimismo, Swartout (1983) considera el Cómo, Por qué, Cuándo, y Qué rango de consultas, como parte de la facilidad de explicación de XPLAIN. El segundo criterio es la naturaleza de las respuestas de explicación.

Swartout y Smoliar (1987) distinguen entre explicaciones que proporcionan conocimiento terminológico, conocimiento descriptivo de dominio y conocimiento de resolución de problemas. Los usuarios de la SA requieren información sobre los procedimientos, las pistas de razonamiento, los objetivos de acción, el control y el autoconocimiento. Hay dos maneras de distinguir las respuestas de explicación. En primer lugar, las respuestas pueden proporcionar conocimientos específicos de cada caso, conocimientos de dominio, o meta-conocimiento. Segundo, pueden proporcionar conocimiento taxonómico, conocimiento formal, conocimiento contingente o conocimiento de control.

Independientemente de si se basan en preguntas de explicación o en respuestas de explicación, existe un problema importante con todas estas clasificaciones. Al carecer de una base teórica sólida, los diversos tipos de explicaciones que componen cada una de estas clasificaciones no están definidas de manera coherente ni son exhaustivas. Sin embargo, basándose en gran medida en la caracterización de Clancey (1983) de los roles epistemológicos que el conocimiento puede desempeñar en la explicación de la SA, ha surgido un consenso sobre los tres tipos primarios de explicaciones que la SA debería proporcionar. Correspondiendo a los tres roles epistemológicos de estructura, apoyo y estrategia, estos tres tipos de explicaciones son: (1) trazar explicaciones que describan el contenido y el razonamiento (estructura), (2) explicaciones profundas que justifiquen las razones subyacentes de un estado o una acción basados en modelos causales (apoyo), y (3) explicaciones estratégicas que clarifiquen la estrategia de resolución de problemas y el metaconocimiento (estrategia). Esta taxonomía de   los tres tipos principales de explicaciones también ha llevado a una convergencia de opiniones sobre   la correspondencia de las preguntas de explicación con las respuestas de explicación. Esto es así: las consultas de Cómo se utilizan las explicaciones para proporcionar explicaciones de trazas; las consultas de Por qué se utilizan para proporcionar justificaciones causales; y las consultas de Explicación Estratégica se utilizan para proporcionar aclaraciones de las estrategias de control y el metaconocimiento.

Los trabajos recientes se han centrado en la forma en que deben proporcionarse las explicaciones de manera óptima como parte de la interacción entre el usuario y el S.E. Ha propuesto que las explicaciones de los SA puedan presentarse a los usuarios de dos maneras distintas para facilitar el aprendizaje del usuario durante el uso de un sistema experto (Dhaliwal y Benbasat, 1996). Éstas se denominan estrategias de provisión de explicaciones de retroalimentación y son relevantes para las tres explicaciones de Por qué, Cómo y Estratégicas; es decir, cada uno de estos tipos de explicaciones puede ser presentado tanto como retroalimentación como retroalimentación.

4.6. Estudios recientes sobre el uso de las explicaciones del sistema de expertos

Varios estudios recientes se han centrado en la evaluación empírica del uso de explicaciones como parte de la interfaz de usuario-ES. Como sus hallazgos tienen implicaciones significativas para los diseñadores de instalaciones de explicación, se resumen en esta sección. Son principalmente útiles en el sentido de que señalan las situaciones en las que la provisión de explicaciones de los SA es potencialmente útil para los usuarios.

Lamberti y Wallace (1990) investigaron los requisitos de interfaz para la presentación de conocimientos en sistemas basados en el conocimiento. Examinaron las interacciones entre la experiencia de los usuarios, el formato de presentación de los conocimientos (formatos procesales vs. declarativos), el tipo de pregunta (que requiere respuestas abstractas vs. concretas), y la incertidumbre de las tareas, en términos de la velocidad y precisión de la toma de decisiones. Encontraron que para tareas altamente inciertas, el tiempo de respuesta y la precisión de las preguntas con explicaciones con formato declarativo (en comparación con las de procedimiento) eran mejores para los usuarios con mayores habilidades. Sin embargo, para las tareas de baja incertidumbre, los sujetos de baja calificación se desempeñaron igualmente rápido, pero con mayor precisión que los usuarios de alta calificación, cuando se les presentaron explicaciones declarativas de las preguntas. Además, para explicar los procedimientos utilizados en las estrategias de resolución de problemas, tanto los usuarios de alta como de baja cualificación se sintieron más seguros con las explicaciones de procedimiento que con las explicaciones declarativas. En relación con la organización del conocimiento concreto vs. abstracto, el estudio encontró que los usuarios de baja habilidad se desempeñaban significativamente más rápido y con mayor precisión cuando respondían preguntas que requerían una organización del conocimiento concreto. Los usuarios altamente calificados se desempeñaron más rápidamente, aunque no necesariamente con mayor precisión, cuando respondieron a preguntas que requerían una organización de conocimientos abstractos, en contraste con una organización de conocimientos concretos.

Lerch y otros (1990) se centraron en algunos efectos del uso de las explicaciones de la SA. Midieron el acuerdo del usuario y la confianza en las conclusiones presentadas por un SE. Se les dijo a los sujetos que estas conclusiones fueron obtenidas de uno de los siguientes tres diferentes fuentes de asesoramiento: principiantes, expertos o un sistema basado en el conocimiento. Además, utilizaron tres condiciones de tratamiento diferentes: ninguna explicación, explicaciones en forma de frases en inglés y explicaciones en forma de reglas de producción. Encontraron que aunque el uso de explicaciones tuvo un impacto en el nivel de acuerdo del usuario con las conclusiones, no cambió la confianza de los usuarios en la fuente de asesoramiento sobre la que se modelaron las conclusiones. Los diferentes tipos de explicaciones no fueron considerados en este estudio; más bien, una categoría genérica que se asemeja mucho a la explicación de Cómo se usó.

Ye y Johnson (1995) hicieron que los sujetos evaluaran las explicaciones presentadas en un orden secuencial fijo y compararan las percepciones de los usuarios sobre la utilidad y las preferencias   de los usuarios para los tres tipos diferentes de explicaciones. Encontraron que el uso de explicaciones tuvo un efecto positivo en el acuerdo del usuario con las conclusiones del ES, y que la explicación del por qué era la explicación más preferida entre los niveles de experiencia del usuario y los tipos de inferencia utilizados para las tareas de clasificación heurística. Asimismo, se encontró que los expertos y los novatos tienen diferentes percepciones de la utilidad de los diversos tipos de explicaciones presentadas. Los expertos consideraron que la explicación de cómo era la más útil, y los novatos la explicación de por qué.

Dhaliwal (1993) estudió el uso de explicaciones en una situación de toma de decisiones que implicaba el uso de un SA que proporcionaba explicaciones. Encontró que los usuarios utilizaban las explicaciones de la SA y que tanto los expertos como los novatos valoraban dichas explicaciones. Mientras que los expertos utilizaban las explicaciones de Cómo más extensamente, los novicios utilizaban las explicaciones de Por qué más a menudo. También se constató que las explicaciones de retroalimentación se utilizaban más que las explicaciones de retroalimentación y que su uso tenía un impacto positivo en la calidad de la toma de decisiones. El estudio también encontró que los usuarios utilizaban las explicaciones lo menos posible cuando su acuerdo con el SA era muy bajo o muy alto.

Estos estudios se han enfocado en varios aspectos críticos de la facilidad de explicación del SA. Sugieren que al diseñar una instalación de explicación, los diseñadores deben pagar

atención cuidadosa a las percepciones del usuario para los tres tipos diferentes de
explicaciones; los niveles de credibilidad de la fuente; el contenido de las
explicaciones; así como el usuario

4.7. Factores que influyen en el diseño de las instalaciones de explicación

Dado el estado actual de la investigación de las explicaciones de SA, es evidente
que los diseñadores de instalaciones de explicación de SA deben prestar especial
atención a una serie de factores que influyen en el proceso de diseño. Pueden
clasificarse en cuatro categorías distintas relacionadas con las características de: (1) el
marco de tareas en el que se utilizan las explicaciones, (2) la naturaleza de las
explicaciones que se proporcionan, (3) el diseño de la interfaz y las estrategias de
provisión de explicaciones utilizadas, y (4) los usuarios individuales del ES.

4.8. Características de la tarea

La naturaleza de la tarea del ES y el contexto en el que se utiliza el ES es el
primer factor de diseño que influirá en la cantidad y los tipos de explicaciones que se
utilizan. Los tipos de tareas que realiza un ES pueden ser categorizados por varias
clasificaciones, incluyendo tareas de análisis vs. tareas de síntesis, y tareas de
clasificación heurística vs. tareas de configuración heurística. Aunque estas
clasificaciones se superponen hasta cierto punto, cada una de ellas puede
descomponerse en una jerarquía más amplia de muchos niveles de tareas. Por ejemplo,
la tarea de clasificación heurística puede descomponerse en los tres procesos de
inferencia (subtareas) de abstracción de datos, correspondencia heurística y
refinamiento de soluciones. Del mismo modo, las tareas de análisis pueden dividirse en
subcategorías como diagnóstico, predicción, etc. El estudio de Ye y Johnson (1995)
investigó directamente la influencia de los diferentes tipos de tareas en la preferencia
por los tres tipos de explicaciones, utilizando la abstracción de datos y los niveles de
coincidencia heurística de la clasificación heurística como variables independientes.
Sin embargo, no encontró diferencias significativas en la preferencia por las

explicaciones entre los dos niveles. No se ha estudiado el uso de las explicaciones que proporcionan los ES que realizan tareas de síntesis o configuración heurística, como el diseño o la planificación.

Considerando las diferencias críticas entre estas tareas y las tareas diagnósticas más comunes, es razonable esperar que resulten en diferentes patrones de uso de la explicación de la EE.

El contexto en el que se utiliza un ES determinará el propósito para el que se utiliza el mecanismo de explicación.

Se pueden identificar tres contextos para el uso de las explicaciones de los SA: (1) por los usuarios finales en contextos de resolución de problemas, (2) por los ingenieros del conocimiento que llevan a cabo actividades de depuración de la base de conocimientos, y (3) como parte de las actividades de validación de los ES llevadas a cabo por expertos en la materia y/o ingenieros del conocimiento. Las distinciones entre estos tres contextos son críticas y se derivan del hecho de que el uso de explicaciones de SA en el desarrollo de sistemas está motivado por un conjunto diferente de objetivos que cuando se utilizan como parte de las aplicaciones de usuario final. Por lo tanto, puede esperarse razonablemente que los usuarios finales de las aplicaciones de ES utilicen las explicaciones de forma diferente a cuando se utilizan durante las actividades de depuración, validación u otras actividades de desarrollo de ES.

Aunque las explicaciones se incorporan comúnmente en la mayoría de las aplicaciones de ES para usuarios finales, también desempeñan un papel importante en el desarrollo de ES al ofrecer capacidades mejoradas de depuración y validación. La mayoría de los shells y entornos de desarrollo de ES actuales incluyen herramientas que utilizan explicaciones para ayudar al desarrollo de sistemas eficientes y efectivos, por ejemplo, el Knowledge Engineering Environment (KEE) de Intellicorp.

Otro ejemplo es el comando REPORTAR en el shell de VPExpert. Este comando enumera en orden secuencial todas las explicaciones adjuntas (utilizando la cláusula BECAUSE) a las reglas que "dispararon" como parte de una consulta.

Este listado ayuda a los ingenieros de conocimiento a depurar la lógica de procesamiento. También permite a los usuarios y a los expertos en dominios, que pueden no estar familiarizados con de representación y motores de inferencia, para participar en la validación de una base de conocimiento.

A diferencia de la depuración y validación, el uso de explicaciones por parte de los usuarios finales de las aplicaciones de ES está motivado por un conjunto diferente de razones. Por ejemplo, se ha sugerido que se utilice un mecanismo de explicación: (1) por parte de los responsables de la toma de decisiones porque les ayuda a formular problemas y modelos para el análisis, (2) por parte de usuarios sofisticados porque les asegura que el proceso de conocimiento y razonamiento del sistema es apropiado, y (3) por parte de usuarios principiantes porque puede instruirles sobre el conocimiento en el sistema a medida que se aplica para resolver un problema en particular. También hay una variedad de contextos en los que se utilizan las aplicaciones de ES para el usuario final. Por ejemplo, mientras que algunas aplicaciones se utilizan como herramientas para capacitar a los principiantes en un campo, otras son utilizadas por los expertos para apoyar su propia toma de decisiones. El contexto organizativo en el que se utilizan estas aplicaciones de usuario final también afectará al uso de las explicaciones. Algunas organizaciones institucionalizan el uso de dichas aplicaciones de ES para tomar ciertas decisiones críticas. El uso de explicaciones cuando los usuarios finales se ven obligados a utilizar el ES será sin duda diferente de la situación en la que los usuarios finales utilizan el ES como ayuda para la toma de decisiones por elección. En resumen, muchos contextos diferentes del uso de los SA pueden ser identificados como factores que influyen potencialmente en el uso de las explicaciones de los SA.

4.9. Características de las explicaciones

La naturaleza de la información explicativa proporcionada por un ES a sus usuarios influirá sin duda en las explicaciones que se utilicen. Éstos se pueden dividir en dos categorías principales: tipo de explicación y contenido de la explicación. Si bien los tipos de explicaciones se examinaron anteriormente, existe una superposición considerable entre estas dos categorías. Los tres tipos de explicaciones son, por definición, diferentes en su contenido. Por ejemplo, las explicaciones de Por qué se centran en proporcionar información declarativa sobre la tarea; las explicaciones de Cómo proporcionan información sobre la tarea de procedimiento; y las explicaciones estratégicas presentan el metaconocimiento de la tarea. Del mismo modo, los distintos tipos de

Las explicaciones también diferirán en cuanto al contenido en relación con el hecho de que se proporcionen como feedforward o feedback. Por ejemplo, las explicaciones de retroalimentación, al ser específicas de los resultados, serán por definición más concretas y de menor nivel de especificidad que las explicaciones de retroalimentación más generalizadas.

Aunque la influencia de los tipos de explicaciones es potencialmente más relevante, en gran medida porque tanto los desarrolladores como los usuarios de SA distinguen claramente entre ellos, también es importante considerar la influencia de varias dimensiones del contenido. Algunas dimensiones relevantes del contenido de la explicación incluyen las siguientes.

El contenido informativo de las explicaciones en cuanto al número de señales que se incorporan representa la primera dimensión. La segunda dimensión es el nivel de abstracción de las explicaciones, es decir, cuán concretas o abstractas son desde la perspectiva de los usuarios. La tercera dimensión es la granularidad y especificidad de las explicaciones, por ejemplo, el nivel más bajo tendrá la mayor cantidad de detalles y viceversa.

En cuarto lugar, las explicaciones pueden centrarse en grupos de usuarios particulares, como ingenieros de conocimiento, expertos en dominios y usuarios finales, o pueden tener un enfoque más general. Las diferencias terminológicas en las explicaciones pueden esperarse dependiendo de quiénes son los usuarios a los que se dirigen las explicaciones. Quinto, las explicaciones pueden enfatizar diferentes aspectos de lo que se está explicando, por ejemplo, aspectos de procedimiento en contraste con los aspectos declarativos.

4.10. Diseño de interfase y estrategias de provisión

Las características de diseño de la interfaz utilizada para proporcionar explicaciones, así como las estrategias utilizadas para proporcionar explicaciones, también influirán en los patrones de uso de la explicación ES. Entre los aspectos específicos del diseño de la interfaz se incluyen los siguientes. En primer lugar, la cantidad de esfuerzo requerido para que los usuarios accedan a las explicaciones, es decir, la accesibilidad de las explicaciones, influirá en su uso. Dos clases posibles de se pueden identificar estrategias para acceder a las explicaciones. Éstas incluyen una estrategia activa en la que el ES presenta explicaciones sin que el usuario tenga que solicitarlas, y una serie de estrategias pasivas que requieren que el usuario haga diferentes niveles de esfuerzo físico explícito para acceder a las explicaciones. Este esfuerzo puede ir desde hacer clic en los iconos de explicación especializados que se presentan en la pantalla hasta pulsar las teclas de función predesignadas para acceder y escanear las explicaciones. Generalmente, una estrategia activa hace que el sistema interrumpa el diálogo para proporcionar explicaciones o las hace disponibles continuamente como parte de cada pantalla del ES. En el diseño de las instalaciones de explicación del ES, es importante que los diseñadores de la interfaz consideren la cantidad de esfuerzo requerido para que los usuarios soliciten y accedan a las explicaciones. Los resultados de los estudios sobre los modelos de costo-beneficio del esfuerzo que supone la utilización de ayudas informatizadas para la toma de decisiones sugieren que la accesibilidad de las explicaciones, es decir, el costo de acceder a ellas, ejercerá una influencia notable en el uso de las mismas.

En segundo lugar, el modo de comunicación utilizado para presentar las explicaciones, por ejemplo, los modos audio y/o visual, también influirá en el uso de las explicaciones. Tercero, el formato de presentación utilizado para las explicaciones es también un factor, por ejemplo, las explicaciones de texto en contraste con las explicaciones basadas en imágenes que utilizan formatos gráficos, icónicos y de animación.

Teniendo en cuenta que la razón principal para proporcionar explicaciones de los SA es mejorar la comprensión de los SA y su ámbito de aplicación por parte de los usuarios, las estrategias de suministro de información de retorno y de retroalimentación presentadas anteriormente también influirán en el uso de las explicaciones. La importancia de estas estrategias de explicación se hace evidente si se considera la analogía de un niño que participa en un proceso de aprendizaje para mejorar su comprensión. Mientras que "una máquina de explicación", en la forma de los padres de un niño, puede estar continuamente disponible para proporcionar explicaciones sobre algún fenómeno que es el objetivo del aprendizaje, el niño sólo buscará, atenderá y se beneficiará de las explicaciones proporcionadas en etapas particulares del proceso de aprendizaje. En

Se buscarán diferentes etapas del proceso, diferentes tipos de explicaciones, y se puede esperar que los niños en diferentes etapas del desarrollo cognitivo busquen diferentes cantidades y tipos de explicaciones. Asimismo, es probable que las explicaciones que se dan automáticamente sin que se soliciten, a veces impidan, en lugar de fomentar, el aprendizaje que se lleva a cabo. Esta analogía sugiere, por lo tanto, que cualquier evaluación de la influencia de las estrategias de provisión de explicaciones debe tener en cuenta los demás factores de diseño.

4.11. Características de usuario

Pueden identificarse tres categorías distintas de características de usuario que influirán en el uso de las explicaciones:

Experiencia de los usuarios, diferencias individuales y el nivel de acuerdo del usuario con el ES. De éstos, la experiencia de los usuarios es potencialmente la más importante para el diseño y uso   de las explicaciones de los SA. Varias teorías sobre la adquisición de habilidades apoyan esta creencia. Asimismo, los estudios empíricos discutidos en la última sección también han encontrado efectos significativos para este factor. Todos estos estudios utilizaron el conocimiento de los usuarios del dominio de tareas para hacer operativa la experiencia de los usuarios. La literatura sobre la interfaz hombre-máquina revela otro aspecto de la experiencia de los usuarios que puede considerarse igual de relevante. Este   es el nivel de experiencia o familiaridad de los usuarios con los sistemas expertos. Esto se denomina experiencia en sistemas.

También se pueden identificar varios tipos de diferencias cognitivas e individuales basadas en la personalidad, principalmente de la literatura sobre sistemas de apoyo a la toma de decisiones, como factores que influyen potencialmente en el uso de las explicaciones de la SA.

Sin embargo, aunque se sabe mucho de su influencia en el funcionamiento cognitivo humano, sufren de la falta de una base teórica adecuada y coherente.

Además, como se reconoce ahora en el estudio de los sistemas de apoyo a la toma de decisiones, hay sólo una pequeña probabilidad de que un enfoque de diferencias individuales en el diseño de las ayudas para la toma de decisiones dé lugar a requisitos de diseño prácticos y rentables.

La categoría final de características de usuario que puede identificarse es el nivel de acuerdo del usuario con el ES. Los estudios encontraron que el uso de explicaciones aumentaba el nivel de acuerdo del usuario con las conclusiones del ES.

Junto con la conclusión de que era más probable que los expertos estuvieran de acuerdo con las conclusiones de una SA que los novatos, esto sugiere que también podría haber un efecto inverso. El nivel de acuerdo inicial del usuario con las conclusiones del ES influiría, hasta cierto punto, en la cantidad de explicaciones utilizadas. Dado que las diferencias en el nivel de experiencia en el campo pueden dar lugar a diferentes niveles de acuerdo con las conclusiones de un ES, esto sugiere que el nivel de acuerdo del usuario puede moderar la influencia de la experiencia del usuario en el uso de las explicaciones.

Capítulo 5

5.1. Interactuar con CLIPS

Los sistemas expertos CLIPS pueden ejecutarse de tres maneras: de forma interactiva utilizando una interfaz simple, orientada al texto y de línea de comandos; de forma interactiva utilizando una interfaz de ventana/menú/ratón en determinadas máquinas; o como sistemas   expertos integrados en los que el usuario proporciona un programa principal y controla la ejecución del sistema experto. Las aplicaciones integradas se tratan en la *Guía de Programación Avanzada*. Además, una serie de comandos se pueden leer automáticamente directamente desde un archivo cuando se inicia CLIPS por primera vez o como resultado del comando **batch**.

La interfaz CLIPS genérica es una interfaz simple, interactiva, orientada al texto y de línea de comandos para una alta portabilidad. El uso estándar es crear o editar una base de conocimiento utilizando cualquier editor de texto estándar, guardar la base de conocimiento como uno o más archivos de texto, salir del editor y ejecutar CLIPS, y luego cargar la base de conocimiento en CLIPS. La interfaz proporciona comandos para ver el estado actual del sistema, rastrear la ejecución, añadir o eliminar información y borrar CLIPS.

Una interfaz de ventana más sofisticada está disponible para los entornos Macintosh, Windows 3.1 y X Window. Todos los comandos de interfaz descritos en esta sección están disponibles en las interfaces de ventana. Estas interfaces se describen con más detalle en la *Guía de Interfaces*.

5.1.1. Comandos de nivel superior

El método principal para interactuar con CLIPS en un entorno no integrado es a través de la **línea de comandos de** CLIPS (o **nivel superior**). Cuando se imprime el símbolo "CLIPS>", se puede introducir un comando para su evaluación. Los comandos pueden ser llamadas de función, construcciones, variables globales o constantes. Si se introduce una llamada de función (véase el apartado 2.3.2), se evalúa dicha función y se imprime su valor de retorno. Las llamadas de función en CLIPS utilizan una notación de prefijo: los operandos a una función aparecen siempre después del nombre de la función. Introducir una definición de constructo (vea el párrafo 2.3.3) en

el indicador CLIPS crea una nueva construcción del tipo apropiado. La introducción de
una variable global hace que se imprima el valor de la variable global. Introducir una
constante en el nivel superior hace que se imprima la constante (lo que no es muy útil).
Por ejemplo,

        CLIPS (V6.0 05/11/93)

    CLIPS> (+ 3 4)

    7

    CLIPS> (defglobal ?*x* = 3)

    CLIPS> ?*x*

    3

    CLIPS>

    rojo rojo

    CLIPS>

El ejemplo anterior primero llamó a la función de suma sumando los números 3
y 4 para obtener el resultado 7. A continuación, se definió una variable global ?*x* a la
que se le asignó el valor 3. La variable ?*x* fue entonces introducida en el prompt y su
valor de 3 fue devuelto. Finalmente se introdujo el símbolo de la constante *roja* y se
devolvió (ya que una constante se evalúa a sí misma).

5.1.2. Entrada de comandos automatizada

Algunos sistemas operativos permiten especificar argumentos adicionales a un
programa cuando éste comienza a ejecutarse. Cuando se inicia el ejecutable de CLIPS
en un sistema operativo de este tipo, se puede hacer que CLIPS ejecute

automáticamente una serie de

leen directamente de un archivo. La sintaxis de la línea de comandos para iniciar
CLIPS y leer automáticamente los comandos de un archivo es la siguiente:

<u>Sintaxis</u>

clips -f <nombredearchivo>> de archivo

Se requiere **-f**, y <nombredearchivo> es un archivo que contiene comandos
CLIPS. Si el comando **exit** está incluido en el archivo, CLIPS se detendrá y el usuario
volverá al sistema operativo después de ejecutar los comandos en el archivo. Si un
comando de **salida** no está en el archivo, CLIPS entrará en su estado interactivo
después de ejecutar los comandos en el archivo. Los comandos del archivo deben
introducirse exactamente como lo harían de forma interactiva (es decir, deben incluirse
paréntesis de apertura y cierre y al final del comando debe haber un retorno de carro).
La opción de línea de comandos -f es equivalente a la introducción interactiva de un
comando **por lotes** como primer comando en el símbolo del sistema CLIPS.

5.1.3. Integración con otros idiomas

Cuando se utiliza un sistema experto, son importantes dos tipos de integración:
la integración de CLIPS en otros sistemas y la llamada a funciones externas desde
CLIPS. CLIPS fue diseñado para permitir ambos tipos de integración.

El uso de CLIPS como una aplicación integrada permite la fácil integración
de CLIPS con los sistemas existentes. Esto es útil en los casos en los que el sistema
experto es una pequeña parte de una tarea mayor o necesita compartir datos con
otras funciones. En estas situaciones, CLIPS puede ser llamado como una
subrutina y la información puede ser pasada a y desde CLIPS. Las aplicaciones en
lecho empotrado se tratan en la *Guía de Programación Avanzada*.

También puede ser útil llamar a funciones externas mientras se ejecuta una
construcción CLIPS o desde el nivel superior de la interfaz interactiva. Las variables

CLIPS o los valores literales se pueden pasar a una función externa, y las funciones pueden devolver valores a

CLIPS. La sencilla adición de funciones externas permite que CLIPS se pueda ampliar o personalizar de casi cualquier forma. La *Guía de Programación Avanzada* describe cómo integrar CLIPS con funciones o sistemas escritos en C, así como en otros lenguajes.

5.2. Sintaxis del manual de referencia

La terminología utilizada a lo largo de este manual para describir la sintaxis CLIPS es bastante común en los manuales de referencia de computadoras. Las palabras o caracteres simples, especialmente los paréntesis, deben escribirse exactamente como aparecen. Sin embargo, las palabras o caracteres en negrita representan una descripción verbal de lo que se debe introducir. Secuencias de palabras encerradas entre corchetes de un solo ángulo (llamadas términos o símbolos no terminales), tales como <String>, representan una sola entidad de la clase de elementos nombrada que debe ser suministrada por el usuario. Un símbolo no terminal seguido de un asterisco (*) representa *cero o más* entidades de la clase de elementos nombrada, que deben ser suministradas por el usuario. Un símbolo no terminal seguido de un +, representa *una o más* entidades de la clase de elementos nombrada que debe ser suministrada por el usuario. Un * o + por sí mismo debe escribirse tal como aparece. La elipsis vertical y horizontal (tres puntos dispuestos respectivamente vertical y horizontalmente) también se utilizan entre símbolos no terminales para indicar la presencia de una o más entidades. Un término encerrado entre corchetes, como[<comentario>], es opcional (es decir, puede o no incluirse). Las barras verticales indican la posibilidad de elegir entre varios términos. Los espacios en blanco (tabulaciones, espacios, retornos de carro) son utilizados por CLIPS sólo como delimitadores entre términos y son ignorados (a menos que estén entre comillas dobles). El símbolo ::= se utiliza para indicar cómo puede sustituirse un símbolo no terminal. Por ejemplo, la siguiente descripción sintáctica indica que un <lexema> puede ser reemplazado por un <símbolo> o una <cadena>.

<lexeme> ::= <símbolo> | | <cadena>

En el apéndice H se incluye una lista completa de BNF para las construcciones CLIPS, junto con algunos de los reemplazos más comunes de símbolos no terminales.

5.3. Elementos básicos de programación

CLIPS proporciona tres elementos básicos para escribir programas: tipos de datos primitivos, funciones para manipular datos y construcciones para añadir a una base de conocimientos.

5.3.1. Tipos de datos

CLIPS proporciona ocho tipos de datos primitivos para representar la información. Estos tipos son **float**, **integer**, **symbol**, **string**, **external-address**, **fact-address**, **instance-name** y **instance-address**. La información numérica puede representarse utilizando flotadores y números enteros. La información simbólica puede representarse utilizando símbolos y cadenas.

Un **número** consta *únicamente* de dígitos (0-9), un punto decimal (.), un signo (+ o -) y, opcionalmente, una (e) para notación exponencial con su signo correspondiente. Un número se almacena como un flotador o un entero. Cualquier número que consista en un signo opcional seguido de sólo dígitos se almacena como un **número entero** (representado internamente por CLIPS como un número entero largo C). Todos los demás números se almacenan como **flotadores** (representados internamente por CLIPS como un flotador de doble precisión C). El número de dígitos significativos dependerá de la implementación de la máquina. También pueden ocurrir errores de rebote, dependiendo de la implementación de la máquina. Como con cualquier lenguaje informático, se debe tener cuidado al comparar valores de coma flotante entre sí o al comparar enteros con valores de coma flotante. Algunos ejemplos de números enteros son

237 15 +12 -32

Algunos ejemplos de flotadores son

237e315 .09 +12.0 -32.3e-7

Específicamente, los números enteros usan el siguiente formato:

<número entero> ::=[+ | -] <dígito>+

Dígito> <dígito> ::= 0 | 1 | 2 | 2 | 3 | 4 | 5 | 6 | 7 | 8 | 9

Los números en coma flotante utilizan el siguiente formato:

<float> ::= <integer> <exponent> |

   <Número entero> . [exponente]

   . <número entero sin signo>[exponente]

   <número entero> . <número entero sin signo>[exponente]

<número entero sin signo> ::= <dígito>+

<exponente> ::= e | E <número entero>

Una secuencia de caracteres que no sigue exactamente el formato de un número se trata como un símbolo (véase el párrafo siguiente).

Un **símbolo** en CLIPS es cualquier secuencia de caracteres que comienza con cualquier carácter ASCII imprimible y es seguido por cero o más caracteres ASCII imprimibles. Cuando se encuentra un delimitador, el símbolo se termina. Los siguientes caracteres actúan como **delimitadores**: cualquier carácter ASCII no imprimible (incluyendo espacios, tabulaciones, retornos de carro y saltos de línea), una cita doble, paréntesis de apertura y cierre "(" y ")", un ampersand "&", una barra vertical "|", un valor inferior a "<", y un tilde "~". Un punto y coma ";" inicia un comentario CLIPS (ver sección 2.3.3) y también actúa como delimitador. Los delimitadores no   pueden incluirse en los símbolos, a excepción del carácter "<", que puede ser el primer carácter de un símbolo. Además, un símbolo no puede comenzar con el carácter "?" ni con la secuencia de caracteres "$?" (aunque un símbolo puede contener estos caracteres). Estos caracteres se reservan para las variables (que se tratan más adelante en esta sección). CLIPS distingue entre mayúsculas y minúsculas (es decir, las mayúsculas coinciden sólo con las mayúsculas). Tenga en cuenta que los números son un caso especial de símbolos (es decir, satisfacen la definición de un símbolo, pero se tratan como un tipo de datos diferente). Algunos ejemplos sencillos de símbolos son

foo   Hola B76-HI   bad_value

127A 456-93-039 @+=-% 2cada uno

Una **cadena** es un conjunto de caracteres que comienza con una comilla doble (") y es seguida por cero o más caracteres imprimibles. Una cadena termina con

comillas dobles. Las comillas dobles pueden ser incrustadas dentro de una cadena
colocando una barra invertida (\) delante de

el personaje. Una barra invertida puede ser incrustada colocando dos caracteres consecutivos en la cadena. Algunos ejemplos son

"foo"   "a y b"   "1 número""a\"cita"

Tenga en cuenta que la cadena "abcd" no es la misma que el símbolo *abcd*. Ambos contienen los mismos caracteres, pero son de diferentes tipos. Lo mismo ocurre con el nombre de la instancia[abcd].

Una **dirección externa** es la dirección de una estructura de datos externa devuelta por una función (escrita en un lenguaje como C o Ada) que se ha integrado con CLIPS. Este tipo de datos sólo se puede crear llamando a una función (es decir, no es posible especificar una dirección externa introduciendo el valor). En la versión básica de CLIPS (que no tiene funciones externas definidas por el usuario), no es posible crear este tipo de datos. Las direcciones externas se tratan con más detalle en la *Guía de Programación Avanzada*. Dentro de CLIPS, la representación impresa de una dirección externa es

<Pointer-XXXXXXXX>

donde XXXXXX es la dirección externa.

Un **hecho** es una lista de valores atómicos que pueden ser referenciados posicionalmente (hechos ordenados) o por nombre (hechos no ordenados o de plantilla). Se hace referencia a los hechos por índice o dirección; en la sección 2.4.1 se ofrecen más detalles. El formato impreso de una **dirección de hechos** es:

<Fact-XXX>

donde XXX es el índice de hechos.

Una **instancia** es un **objeto** que es una instanciación o un ejemplo específico de una **clase**. Los objetos en CLIPS se definen como flotadores, números enteros, símbolos, cadenas, valores de campos múltiples, direcciones externas, direcciones de hechos o instancias de una clase definida por el usuario. A

La clase definida por el usuario se crea utilizando el constructo **defclass**. Una instancia de una clase definida por el usuario se crea con la función **make-instance**, y tal instancia puede ser referenciada únicamente por la dirección. Dentro del alcance de un módulo (ver sección 10.5.1), una instancia también puede ser únicamente referenciada por su nombre. Todas estas definiciones se tratarán con más detalle en las secciones 2.4.2, 2.5.2.3, 2.6 y 9. Un **nombre de instancia** se forma encerrando un símbolo entre corchetes a la izquierda y a la derecha. Por lo tanto, los símbolos puros no pueden estar rodeados de corchetes. Si el lenguaje CLIPS Object Oriented Language (COOL) no está incluido en una configuración particular de CLIPS, entonces los corchetes pueden estar envueltos alrededor de los símbolos. Algunos ejemplos de nombres de instancia son:

[bomba-1][foo][+++][123-890]

Tenga en cuenta que los corchetes no forman parte del nombre de la instancia; simplemente indican que el símbolo adjunto es un nombre de instancia. Una **dirección de instancia** sólo se puede obtener vinculando el valor de retorno de una función llamada **dirección de instancia** o vinculando una variable a una instancia que coincida con un patrón de objeto en el LHS de una regla (es decir, no es posible especificar una dirección de instancia escribiendo el valor). Una referencia a una instancia de una clase definida por el usuario puede ser por nombre o dirección; las direcciones de instancia sólo deben utilizarse cuando la velocidad es crítica. Dentro de CLIPS, la representación impresa de una dirección de instancia es

<Instancia-XXX>

donde XXX es el nombre de la instancia.

En CLIPS, un marcador de posición que tiene un valor (uno de los tipos de datos primitivos) se denomina **campo**. Los tipos de datos primitivos se denominan **valores de campo único**. Una **constante** es un valor de campo único invariable que se expresa directamente como una serie de caracteres (lo que significa que las direcciones externas, las direcciones de hechos y las direcciones de instancia no pueden expresarse como constantes porque sólo pueden obtenerse mediante llamadas de función y enlaces de variables). Un **valor de varios campos** es un secuencia de cero o más valores de campo individual. Cuando se muestra con CLIPS, los valores de varios campos se incluyen entre paréntesis. Colectivamente, los valores de uno o varios campos se denominan **valores**. Algunos ejemplos de valores de campos múltiples son

(a) (1 bar foo) () (x 3,0 "rojo" 567)

Tenga en cuenta que el valor de campo múltiple (a) no es el mismo que el valor de campo individual *a*. Los valores de campo múltiple se crean ya sea llamando a funciones que devuelven valores de campo múltiple, usando argumentos comodín en una función defensiva, un manejador de mensajes de objeto o un método, o vinculando variables durante el proceso de concordancia de patrones para reglas. En CLIPS, una **variable** es una ubicación simbólica que se utiliza para almacenar valores. Las variables son utilizadas por muchas de las construcciones CLIPS (como defrule, deffunction, defmethod, y defmessage-handler) y su uso se explica en las secciones que describen cada una de estas construcciones.

5.3.2. Funciones

Una **función** en CLIPS es un fragmento de código ejecutable identificado por un nombre específico   que devuelve un valor útil o realiza un efecto secundario útil (como mostrar información). A lo largo de la documentación de CLIPS, la palabra función se utiliza generalmente para referirse sólo a funciones que devuelven un valor (mientras que los comandos y las acciones se utilizan para referirse a funciones que tienen un efecto secundario pero que generalmente no devuelven un valor).

Existen varios tipos de funciones. **Las funciones definidas por el usuario** y las **funciones definidas por el sistema** son fragmentos de código que se han escrito en un lenguaje externo (como C, FORTRAN o Ada) y se han enlazado con el entorno CLIPS. Las funciones definidas por el sistema son aquellas que han sido definidas internamente por el entorno CLIPS. Las funciones definidas por el usuario son funciones que se han definido externamente   del entorno CLIPS.

El constructo de **funciones** permite a los usuarios definir nuevas funciones directamente en el entorno CLIPS utilizando la sintaxis CLIPS. Las funciones definidas de esta manera aparecen y actúan como otras funciones, sin embargo, en lugar de ser ejecutadas directamente (como lo sería un código escrito en un lenguaje externo) son interpretadas por el entorno CLIPS. En la sección 2.5.2.1 también se tratan las disfunciones en el contexto de la representación de los conocimientos de procedimiento.

Las funciones genéricas se pueden definir utilizando las construcciones **defgeneric** y **defmethod**. Las funciones genéricas permiten que se ejecuten diferentes piezas de código dependiendo de los argumentos pasados a la función genérica. Por lo tanto, un solo nombre de función puede ser **sobrecargado** con más de un código. Las funciones genéricas también se discuten en la sección 2.5.2.2.2 en el contexto de la representación de los conocimientos de procedimiento.

Las llamadas de función en CLIPS utilizan una notación de prefijo - los argumentos de una función siempre aparecen después del nombre de la función. Las llamadas de función comienzan con un paréntesis a la izquierda, seguido por el nombre de la función, luego siguen los argumentos de la función (cada argumento separado por uno o más espacios). Los argumentos de una función pueden ser tipos de datos primitivos, variables u otra llamada de función. La llamada de función se cierra con un paréntesis a la derecha. A continuación se muestran algunos ejemplos de llamadas de función que utilizan las funciones de suma (+) y multiplicación (*).

```
(+ 3 4 5)

(* 5 6.0 2)

(+ 3 (* 8 9) 4)

(* 8 (+ 3 (* 2 3 4) 9) (* 3 4))
```

Mientras que una función se refiere a un trozo de código ejecutable identificado por un nombre específico, una **expresión** se refiere a una función que tiene sus argumentos especificados (que pueden o no ser llamadas de funciones). Así, los ejemplos anteriores son expresiones que hacen llamadas a las funciones * y +.

5.3.3. Construye

En CLIPS aparecen varias **construcciones** definitorias: **defmodule, defrule, deffacts, deftemplate, defglobal, deffunction, defclass, definstances, defmessage-handler, defgeneric** y **defmethod**. Todas las construcciones en CLIPS están rodeadas de paréntesis. El constructo se abre con un paréntesis izquierdo y se cierra con un paréntesis derecho. La definición de una construcción difiere de la llamada a una función principalmente en efecto. Normalmente, una llamada de función deja el entorno CLIPS sin cambios (con algunas excepciones notables, como restablecer o borrar el entorno o abrir un archivo). Sin embargo, la definición   de una construcción tiene como objetivo explícito alterar el entorno de CLIPS añadiendo a la base de conocimientos de CLIPS. A diferencia de las llamadas de función, las construcciones nunca tienen un valor de retorno.

Como con cualquier lenguaje de programación, es muy beneficioso comentar el código CLIPS. Todas las construcciones (con la excepción de defglobal) permiten un comentario directamente después del nombre de la construcción. Los comentarios también se pueden colocar dentro del código CLIPS utilizando un punto y coma (;). Todo, desde el punto y coma hasta el siguiente carácter de retorno, será ignorado por CLIPS. Si el punto y coma es el primer carácter de la línea, toda la línea será tratada como un comentario. A lo largo del manual de referencia se proporcionarán ejemplos de código comentado. CLIPS no guarda el texto comentado en punto y coma cuando se cargan construcciones (sin embargo, se guarda la cadena de comentarios opcional dentro de una construcción).

5.4. Abstracción de datos

Existen tres formatos principales para representar información en CLIPS: hechos, objetos y variables globales.

5.4.1. Hechos

Los hechos son uno de los formularios básicos de alto nivel para representar información en un sistema CLIPS. Cada **hecho** representa una parte de la información que ha sido colocada en la lista actual de hechos, llamada la **lista de hechos**. Los hechos son la unidad fundamental de los datos utilizados por las normas.

Los hechos pueden añadirse a la lista de hechos (usando el comando **assert**), eliminarse de la lista de hechos (usando el comando **retract**), modificarse (usando el comando **modify**), o duplicarse (usando el comando **duplicate**) a través de la interacción explícita del usuario o cuando se ejecuta un programa CLIPS. El número de hechos en la lista de hechos y la cantidad de información que se puede almacenar en un hecho está limitada sólo por la cantidad de memoria en la computadora. Si un hecho se afirma en la lista de hechos que coincide exactamente con un hecho ya existente, la nueva afirmación será ignorada (sin embargo, este comportamiento puede ser cambiado).

Algunos comandos, como los comandos **retractar, modificar** y **duplicar**, requieren que se especifique un hecho. Un hecho puede ser especificado ya sea por **índice de hechos** o **por dirección de hechos**. Cada vez que se añade (o modifica) un hecho, se le asigna un índice entero único llamado índice de hechos. Los índices de hechos comienzan en cero y se incrementan en uno por cada hecho nuevo o modificado. Siempre que se da una orden de **reinicio** o de **borrado**, los índices de hechos se reinician a cero. También se puede especificar un hecho mediante el uso de una dirección de hechos. Una dirección de hecho puede obtenerse capturando el valor de retorno de los comandos que devuelven direcciones de hecho (tales como **afirmar, modificar** y **duplicar**) o vinculando una variable a la dirección de hecho de un   hecho que coincida con un patrón en el LHS   de una regla.

Un **identificador de hechos** es una notación abreviada para mostrar un hecho. Consiste en el carácter "f", seguido de un guión, seguido del índice de hechos del hecho. Por ejemplo, f-10 se refiere al hecho con el índice de hechos 10.

Un hecho se almacena en uno de dos formatos: ordenado o no ordenado.

5.4.1.1. Hechos ordenados

Los hechos ordenados consisten en un símbolo seguido de una secuencia de cero o más campos separados por espacios y delimitados por un paréntesis de apertura a la izquierda y un paréntesis de cierre a la derecha. El primer campo de un hecho ordenado especifica una "relación" que se aplica a los campos restantes del hecho ordenado. Por ejemplo, (padre de Jack Bill) dice que Bill es el padre de Jack.

A continuación se muestran algunos ejemplos de hechos

ordenados. (la bomba está encendida)

(la altitud es de 10000 pies)

(lista de comestibles con

huevos de leche de pan)

Los campos de un hecho no ordenado pueden ser de cualquiera de los tipos de datos primitivos (a excepción del primer campo que debe ser un símbolo), y no se impone ninguna restricción en el orden de los campos. Los siguientes símbolos están reservados y no deben utilizarse como *primer* campo en ningún hecho (ordenado o no ordenado): *test*, *y*, *o*, *no*, *declarar*, *logical*, *object*, exists, and forall. Estas palabras se reservan sólo cuando se utilizan como un nombre deformado (ya sea explícitamente definido o implícito). Estos símbolos pueden utilizarse como nombres de ranura, sin embargo, esto no es recomendable.

5.4.1.2. Hechos no ordenados

Los hechos ordenados codifican la información de forma posicional. Para acceder a esa información, un usuario debe saber no sólo qué datos se almacenan en un hecho, sino también qué campo contiene el campo datos. **Los hechos no ordenados (o deformados)** proporcionan al usuario la capacidad de abstraer la estructura de un hecho asignando nombres a cada campo del hecho. La construcción del **modelo** (ver sección 3) se utiliza para crear un modelo que se puede utilizar para acceder a los campos por nombre. La construcción de la plantilla es análoga a una definición de registro o estructura en lenguajes de programación como Pascal y C.

La construcción defllate permite definir el nombre de una plantilla junto con cero o más definiciones de **campos** o **ranuras con nombre**. A diferencia de los hechos ordenados, las ranuras de un hecho de deformación pueden estar limitadas por tipo, valor y rango numérico. Además, se pueden especificar valores predeterminados para una ranura. Una ranura consiste en un paréntesis de apertura seguido del nombre de la ranura, cero o más campos, y un paréntesis de cierre. Tenga en cuenta que las ranuras no se pueden utilizar en un hecho ordenado y que los campos de posición no se pueden utilizar en un hecho de desinflado.

Los hechos deformados se distinguen de los hechos ordenados por el primer campo dentro del hecho. El primer campo de todos los hechos debe ser un símbolo, sin embargo, si ese símbolo corresponde al nombre de un deflactante, entonces el hecho es un hecho de deflactante. El primer campo de un hecho de desinflado es seguido por una lista de cero o más ranuras. Al igual que con los hechos ordenados, los hechos deformados están encerrados por un paréntesis de apertura a la izquierda y un paréntesis de cierre a la derecha.

 A continuación se muestran algunos ejemplos de hechos

de desinflado. (cliente (nombre "Joe Brown")

(identificación X9345A))

(masa de punto (x-velocidad 100) (y-velocidad -200))

(clase (maestra "Martha Jones") (#-alumnos 30) (Salón "37A"))

(lista de compras (#-de-artículos 3) (artículos huevos de leche

de pan))

Tenga en cuenta que el orden de las ranuras en un hecho de desinflado no es importante. Por ejemplo, los siguientes hechos son todos idénticos:

(clase (maestra "Martha Jones") (#-alumnos 30) (Salón

"37A")) (clase (#-alumnos 30) (maestra "Martha Jones")

(Salón "37A")) (clase (Salón "37A") (#-alumnos 30) (maestra

"Martha Jones")) En contraste, note que los siguientes hechos

ordenados *no son* idénticos. (clase "Martha Jones" 30 "37A")

(clase 30 "Martha Jones" "37A")

(clase "37A" 30 "Martha Jones")

Las ventajas inmediatas de la claridad y de la independencia del orden de las franjas horarias para deformar los hechos deben ser fácilmente evidentes.

Además de ser afirmados y retractados, los hechos de la desinformación también pueden ser modificados y duplicados (usando los comandos **modificar** y **duplicar**). Modificar un hecho cambia un conjunto de ranuras especificadas dentro de ese hecho. Duplicar un hecho crea un nuevo hecho idéntico al hecho original y luego cambia un conjunto de espacios especificados dentro del nuevo hecho. La ventaja de usar los comandos modificar y duplicar es que las ranuras que no cambian, no tienen que ser especificadas.

5.4.1.3. Datos iniciales

La construcción de **los deffacts** permite especificar un conjunto de conocimientos *a priori* o iniciales como una colección de hechos. Cuando se restablece el entorno CLIPS (mediante el comando **reset**), todos los hechos especificados en una construcción de defectos de la base de conocimientos CLIPS se añaden a la lista de hechos.

5.4.2. Objetos

Un **objeto** en CLIPS se define como un símbolo, una cadena, un número entero o de coma flotante, un valor de varios campos, una dirección externa o una instancia de una clase definida por el usuario. La Sección 2.3.1 explica cómo referenciar instancias de clases definidas por el usuario. Los objetos se describen en dos partes básicas: propiedades y comportamiento. Una **clase** es una plantilla para las propiedades comunes y el comportamiento de los objetos que son **instancias** de esa clase. Algunos ejemplos de objetos y sus clases son:

Objeto (Representación impresa)	Clase
Rolls-RoyceSYMBOL	
"Rolls-Royce"	CUERDA
8.0FLOAT	
8INTEGER	
(8.0Rolls-Royce8 [Rolls-Royce])	MULTIFIELD
<Puntero- 00CF61AB> DIRECCIÓN EXTERNA	
[Rolls-Royce] usuario)	CAR (una clase definida por el

Los objetos en CLIPS se dividen en dos categorías importantes: tipos primitivos e instancias de clases *definidas por el usuario.* Estos dos tipos de objetos difieren en la forma en que se hace referencia a ellos, se crean y se borran, así como en la forma en que se especifican sus propiedades.

Los objetos de tipo primitivo son referenciados simplemente dando su valor, y son creados y borrados implícitamente por CLIPS a medida que son necesarios. Los objetos de tipo primitivo no tienen nombres ni ranuras, y sus clases están predefinidas por CLIPS. El comportamiento de

Sin embargo, los objetos de tipo primitivo son como los de las instancias de clases definidas por el usuario, ya que puede definir manejadores de mensajes y adjuntarlos a las clases de tipo primitivo. Se prevé que los tipos primitivos no se utilizarán a menudo en un contexto de programación orientada a objetos (OOP); la razón principal por la que se proporcionan clases para ellos es para su uso en funciones genéricas. Las funciones genéricas utilizan las clases de sus argumentos para determinar qué métodos ejecutar; las secciones 2.3.2, 2.5.2.2 y 8 ofrecen más detalles.

Una instancia de una clase definida por el usuario está referenciada por nombre o dirección, y se crean y borran explícitamente mediante mensajes y funciones especiales. Las propiedades de una instancia de una clase *definida por el usuario* se expresan mediante un conjunto de ranuras que el objeto obtiene de su clase. Como se ha definido anteriormente, las ranuras se denominan valores de un solo campo o de varios campos. Por ejemplo, el objeto Rolls-Royce es una instancia de la clase CAR. Una de las ranuras de la clase CAR podría ser "precio", y el valor del objeto Rolls-Royce para esta ranura podría ser de 75.000,00 dólares. El comportamiento de un objeto se especifica en   términos de código de procedimiento, llamados gestores de mensajes, que se adjuntan a la clase del objeto. Los manipuladores de mensajes y la manipulación de objetos se describen en la Sección 2.5.2.3. Todas las instancias de una clase definida por el usuario tienen el mismo conjunto de slots, pero cada instancia puede tener valores diferentes para esos slots. Sin embargo, dos instancias que tienen el mismo conjunto de franjas horarias no pertenecen necesariamente a la misma clase, ya que dos clases diferentes pueden tener conjuntos idénticos de franjas horarias.

La principal diferencia entre las ranuras de objetos y los hechos de plantillas (o no ordenados) es la noción de herencia. La herencia permite describir las propiedades y el comportamiento de una clase en términos de otras clases. COOL soporta múltiples herencias: una clase puede heredar directamente slots y manejadores de mensajes de más de una clase. Dado que la herencia sólo es útil para los slots y los gestores de mensajes, a menudo no tiene sentido heredar de una de las clases de tipo primitivo.

como MULTIFIELD o NUMBER. Esto se debe a que estas clases no pueden tener slots y usualmente no tienen manejadores de mensajes.

Puede encontrar más información sobre estos temas en la Sección 2.6, y una descripción completa del Lenguaje Orientado a Objetos CLIPS (COOL) en la Sección 9.

5.4.2.1. Objetos iniciales

La construcción de **definiciones** permite especificar un conjunto de conocimientos iniciales o *a priori* como una colección de instancias de clases definidas por el usuario. Cuando se resetea el entorno CLIPS (usando el comando **reset**) cada instancia especificada dentro de una construcción de definiciones en la base de conocimiento CLIPS se añade a la lista de instancias.

5.4.3. Variables globales

La construcción **defglobal** permite definir variables de alcance global en todo el entorno CLIPS. Es decir, se puede acceder a una variable global en cualquier lugar del entorno CLIPS y mantiene su valor independientemente de otras construcciones. En contraste, algunas construcciones (como defrule y deffunction) permiten definir variables locales dentro de la definición de la construcción. Estas variables locales pueden ser referidas dentro de la construcción, pero no tienen significado fuera de la construcción. Una variable global CLIPS es similar a las variables globales que se encuentran en los lenguajes de programación de procedimientos como LISP, C y Ada. Sin embargo, a diferencia de C y Ada, las variables globales CLIPS se escriben débilmente (no se limitan a mantener un valor de un solo tipo de datos).

5.5. Representación del conocimiento

CLIPS proporciona paradigmas heurísticos y de procedimiento para representar el conocimiento. Estos dos paradigmas se discuten en esta sección. La programación orientada a objetos (que combina aspectos tanto de la abstracción de datos como del conocimiento de los procedimientos) se discute en la sección 2.6.

5.5.1. Conocimiento heurístico - Reglas

Uno de los métodos principales para representar el conocimiento en CLIPS es una regla. Las reglas se utilizan para representar la heurística, o "reglas generales", que especifican un conjunto de acciones que deben realizarse para una situación dada. El desarrollador de un sistema experto define un conjunto de reglas que trabajan conjuntamente para resolver un problema. Una **regla** se compone de un **antecedente** y un **consecuente**. El antecedente de una regla también se conoce como la **parte if** o el **lado izquierdo** (LHS) de la regla. El resultado de una regla también se conoce como la **parte** o el **lado derecho** (RHS) de la regla.

El antecedente de una regla es un conjunto de **condiciones** (o **elementos condicionales**) que deben cumplirse para que la regla sea aplicable. En CLIPS, las condiciones de una regla se cumplen sobre la base de la existencia o no de hechos específicos en la lista de hechos o casos específicos de clases definidas por el usuario en la lista de casos. Un tipo de condición que se puede especificar es un **patrón**. Los patrones consisten en un conjunto de restricciones que se utilizan para determinar qué hechos u objetos satisfacen la condición especificada por el patrón. El proceso de emparejar hechos y objetos con patrones se llama **emparejamiento de patrones**. CLIPS proporciona un mecanismo, llamado **motor de inferencia**, que compara automáticamente los patrones con el estado actual de la lista de hechos y de la lista de instancias y determina qué reglas son aplicables.

El resultado de una regla es el conjunto de acciones que deben ejecutarse cuando la regla es aplicable. Las acciones de las reglas aplicables se ejecutan cuando se instruye al motor de inferencia CLIPS para que comience la ejecución de las reglas aplicables. Si se aplica más de una regla, el motor de inferencia utiliza una **estrategia de resolución de conflictos** para seleccionar qué regla debería tener sus acciones ejecutadas. Se ejecutan las acciones de la regla seleccionada (que pueden afectar a la lista de reglas aplicables) y luego el motor de inferencia selecciona otra regla y ejecuta sus acciones. Este proceso continúa hasta que no queden reglas aplicables.

En muchos sentidos, las reglas pueden ser consideradas como sentencias IF-THEN que se encuentran en lenguajes de programación de procedimientos como C y Ada. Sin embargo, las condiciones de   una expresión IF-THEN en un lenguaje de procedimiento sólo se evalúan cuando el flujo de control del programa se encuentra directamente en la expresión IF-THEN. En contraste, las reglas actúan como las declaraciones de WHENEVER-THEN. El motor de inferencia siempre hace un seguimiento de las reglas que tienen sus condiciones satisfechas y por lo tanto las reglas pueden ser ejecutadas inmediatamente cuando son aplicables. En este sentido, las reglas son similares a los manejadores de excepciones que se encuentran en lenguajes como Ada.

5.5.2. Conocimiento del procedimiento

CLIPS también soporta un paradigma de procedimiento para representar el conocimiento como el de los lenguajes más convencionales, como Pascal y C. Las disfunciones y funciones genéricas permiten al usuario definir nuevos elementos ejecutables en CLIPS que realizan un efecto secundario útil o devuelven un valor útil. Estas nuevas funciones pueden ser llamadas como las funciones incorporadas de CLIPS. Los gestores de mensajes permiten al usuario definir el comportamiento de los objetos especificando su respuesta a los mensajes. Las disfunciones, las funciones genéricas y los gestores de mensajes son piezas de código de procedimiento especificadas por el   usuario que CLIPS ejecuta de forma interpretativa en los momentos adecuados. Los módulos permiten la partición de una base de conocimiento.

5.5.2.1. Deffunctions

Las disfunciones permiten definir nuevas funciones directamente en CLIPS. En versiones anteriores de CLIPS, la única forma de tener funciones definidas por el usuario era escribirlas en algún lenguaje externo, como C o Ada, y luego recompilar y volver a enlazar CLIPS con las nuevas funciones. El cuerpo de una defunción es una serie de expresiones similares a la RHS de una regla que son ejecutadas en orden por

CLIPS cuando se llama a la defunción.   El valor de retorno de una defunción es el
valor de la última expresión evaluada dentro de la variable

la defunción. Llamar a una función de defunción es idéntico a llamar a cualquier otra
función en CLIPS. Las disfunciones se tratan exhaustivamente en la Sección 7.

5.5.2.2. Funciones genéricas

Las funciones genéricas son similares a las deffunctions en el sentido de que se
pueden utilizar para definir nuevos códigos de procedimiento directamente en CLIPS, y
se pueden llamar como cualquier otra función. Sin embargo, las funciones genéricas
son mucho más potentes porque se pueden **sobrecargar**. Una función genérica hará
diferentes cosas dependiendo de los tipos (o clases) y el número de sus argumentos.
Las funciones genéricas están compuestas de múltiples componentes llamados
métodos, donde cada método maneja diferentes casos de argumentos para la función
genérica. Por ejemplo, puede sobrecargar al operador "+" para que haga la
concatenación de cadenas cuando se le pasan cadenas como argumentos. Sin embargo,
el operador "+" seguirá realizando la suma aritmética cuando se pasen los números.
Hay dos métodos en este ejemplo: uno explícito para las cadenas definidas por el
usuario y otro implícito que es el operador estándar de adición aritmética CLIPS. El
valor de retorno de una función genérica es la evaluación de la última expresión del
método ejecutado. Las funciones genéricas se tratan exhaustivamente en la Sección 8.

5.5.2.3. Paso de mensajes de objetos

Los objetos se describen en dos partes básicas: propiedades y comportamiento.
Las propiedades de los objetos se especifican en términos de franjas horarias obtenidas
de la clase del objeto; las franjas horarias se tratan con más detalle en la Sección 2.4.2.
El comportamiento de los objetos se especifica en términos de código de
procedimiento, llamados gestores de mensajes, que se adjuntan a la clase del objeto.
Los objetos se manipulan mediante el paso de mensajes. Por ejemplo, para que el
objeto Rolls-Royce, que es una instancia de la clase CAR, arranque su motor, el
usuario debe llamar a la función de **envío** para enviar el mensaje "motor de arranque"
al Rolls-Royce. La forma en que Rolls-Royce responda a este mensaje vendrá dictada

por la ejecución de los manipuladores de mensajes para "motor de arranque" conectados a la clase CAR y a cualquiera de sus superclases. El resultado de un mensaje es similar a una llamada de función en CLIPS: un valor de retorno útil o efecto secundario.

5.5.2.4. Módulos Definitivos

Los módulos permiten particionar un conocimiento basado en el conocimiento. Cada constructo definido debe ser colocado en un módulo. El programador puede controlar explícitamente qué construcciones de un módulo son visibles para otros módulos y qué construcciones de otros módulos son visibles para un módulo. La visibilidad de hechos e instancias entre módulos puede ser controlada de manera similar. Los módulos también pueden utilizarse para controlar el flujo de ejecución de las reglas.

5.6. Lenguaje orientado a objetos CLIPS

Esta sección ofrece una breve descripción general de los elementos de programación del Lenguaje Orientado a Objetos CLIPS (COOL). COOL incluye elementos de abstracción de datos y representación del conocimiento. Esta sección ofrece una visión general de COOL como un todo, incorporando los elementos de ambos conceptos. Las referencias a los objetos se discuten en la Sección 2.3.1, y la estructura de los objetos se discute en las Secciones 2.4.2 y 2.5.2.3. Los detalles completos de COOL se encuentran en la Sección 9.

5.6.1. Desviaciones FRÍAS de un Paradigma OOP Puro

En un lenguaje OOP puro, *todos los* elementos de programación son objetos que sólo pueden ser manipulados mediante mensajes. En CLIPS, la definición de un objeto es mucho más restringida: números enteros y en coma flotante, símbolos, cadenas, valores multicampo, direcciones externas, direcciones de hechos e instancias de clases definidas por el usuario. Todos los objetos *pueden* ser manipulados con mensajes, excepto las instancias de clases definidas por el usuario, que *deben* serlo. Por ejemplo, en un sistema OOP puro, para sumar dos números, se enviaría el mensaje "add" al primer objeto numérico con el segundo objeto numérico como argumento. En CLIPS, se puede llamar simplemente a la función "+" con los dos botones números como argumentos, o puede definir manejadores de mensajes para la clase NUMBER que le permiten hacerlo en el modo puramente OOP.

Todos los elementos de programación que no son objetos deben ser manipulados en una función no OOP utilizando una función adaptada para esos elementos de programación. Por ejemplo, para imprimir una regla, se llama la función **ppdefrule**; no se envía un mensaje "print" a una regla, ya que no es un objeto.

5.6.2. Características principales de OOP

Hay cinco características primarias que un sistema OOP debe poseer: **abstracción**, **encapsulación**, **herencia**, **polimorfismo** y **unión dinámica**. Una abstracción es una representación de nivel superior, más intuitiva, de un concepto complejo. La encapsulación es el proceso por el cual los detalles de implementación de un objeto son enmascarados por una interfaz externa bien definida. Las clases pueden ser descritas en términos de otras clases por el uso de la herencia. El polimorfismo es la capacidad de diferentes objetos para responder al mismo mensaje de manera especializada. La encuadernación dinámica es la capacidad de diferir la selección de los gestores de mensajes específicos a los que se llamará para recibir un mensaje hasta el momento de su ejecución.

Las definiciones de nuevas clases permiten la abstracción de nuevos tipos de datos en COOL. Los slots y manejadores de mensajes de estas clases describen las propiedades y el comportamiento de un nuevo grupo de objetos.

COOL soporta la encapsulación al requerir el paso de mensajes para la manipulación de instancias de clases definidas por el usuario. Una instancia no puede responder a un mensaje para el que no tiene un gestor de mensajes definido.

COOL permite al usuario especificar algunas o todas las propiedades y comportamiento de una clase en términos de una o más superclases no relacionadas. Este proceso se denomina **herencia múltiple**. COOL utiliza la jerarquía existente de clases para establecer un

orden lineal llamado **lista de precedencia de clases** para una nueva clase. Los objetos que son instancias de esta nueva clase pueden heredar propiedades (slots) y comportamientos (gestores de mensajes) de cada una de las clases de la lista de precedencia de clases. La palabra precedencia implica que las propiedades y el comportamiento de una clase primero en la lista anulan las definiciones conflictivas de una clase más adelante en la lista.

Un objeto COOL puede responder a un mensaje de una manera completamente diferente a la de otro objeto; esto es polimorfismo. Esto se logra adjuntando manejadores de mensajes con diferentes acciones pero que tienen el mismo nombre a las clases de estos dos objetos respectivamente.

La vinculación dinámica se soporta en el sentido de que una referencia de objeto (véase el apartado 2.3.1) en una llamada de función de **envío** no se vincula hasta el tiempo de ejecución. Por ejemplo, un nombre de instancia o variable puede referirse a un objeto en el momento en que se envía un mensaje y a otro en un momento posterior.

5.6.3. Consultas y acciones distribuidas del conjunto de instancias

Además de la capacidad de las reglas para hacer coincidir directamente los patrones de los objetos, COOL proporciona un sistema de consulta útil para determinar, agrupar y realizar acciones en conjuntos de instancias de clases definidas por el usuario que cumplen con los criterios definidos por el usuario. El sistema de consulta le permite asociar instancias que están relacionadas o no. Simplemente se puede utilizar el sistema de consulta para determinar si existe un conjunto de asociaciones en particular, se puede guardar el conjunto para referencia futura o se puede iterar una acción sobre el conjunto. Un ejemplo del uso del sistema de consulta podría ser encontrar el conjunto de todos los pares de niños y niñas que tienen la misma edad.

Los hechos ordenados codifican la información de forma posicional. Para acceder a esa información, un usuario debe saber no sólo qué datos se almacenan en un hecho, sino qué campo contiene los   datos. Los hechos no ordenados (o deformados) proporcionan al usuario la capacidad de abstraer la estructura de un hecho mediante la asignación de nombres a cada campo que se encuentra dentro del hecho. El

defllate se utiliza para crear una plantilla que puede ser utilizada por hechos no ordenados para acceder a los campos del hecho por nombre. La construcción de la plantilla es análoga a una definición de registro o estructura en lenguajes de programación como Pascal y C.

La sintaxis de la construcción deflactada es:

<u>**Sintaxis**</u>

(deflactar <nombre-deflactar>[<comentario>]

   <Definición de
     ranura>*)

Definición de ranura> ::= <definición de ranura única> | < definición de ranura única

       <Definición de múltiples ranuras

<Definición de una sola
    ranura

    (Ranura <nombre de la ranura>)

      <Atributo de plantilla>*)

<Definición de múltiples ranuras

    (multislot <nombre-slot>)

      <Atributo de plantilla>*)

<atributo-plantilla> ::= <atributo-de-imposición> |

      <Atributo de restricción

Atributo por defecto> <default-attribute

(por defecto ?DERIVE | ?NONE | | <expression>*) | | NONE |
<expression>*)

(por defecto-dinámico <expresión>*)

Redefinir una plantilla resultará en que la definición anterior sea descartada. Un deflactante no se puede redefinir mientras se está utilizando (por ejemplo, por un hecho o un patrón en una regla). Una plantilla puede tener cualquier número de ranuras simples o de múltiples campos. CLIPS siempre hace cumplir las definiciones de uno y varios campos del deflactante. Por ejemplo, es un error almacenar (o hacer coincidir) varios valores en una ranura de un solo campo.

Ejemplo

(objeto defllate

    (nombre de la

    ranura)

    (posición de la

    ranura) (ranura

    en la parte

    superior) (peso

    de la ranura)

    (contenido de múltiples ranuras))

5.7. Valores por defecto de la ranura

El atributo <default-attribute> especifica el valor que se utilizará para las ranuras no especificadas de un hecho de plantilla cuando se realiza una **acción de** afirmación. Se puede seleccionar una de dos clases de selecciones por defecto: Por defecto o Por defecto dinámico.

El atributo **predeterminado** especifica un valor predeterminado estático. Las expresiones especificadas se evalúan una vez cuando se define el deflactado y el resultado se almacena con el deflactado. El resultado se asigna a la ranura apropiada cuando se afirma un nuevo hecho de plantilla. Si se utiliza la palabra clave DERIVE para el valor por defecto, se obtiene un valor por defecto a partir de las restricciones de la ranura (véase el apartado 11.5 para más detalles). Por

por defecto, el atributo por defecto para una ranura es (por defecto ?DERIVE). Si la palabra clave "NINGUNO" se utiliza para el valor por defecto, se debe asignar explícitamente un valor para una ranura cuando se realiza una afirmación. Es un error afirmar un hecho de plantilla sin especificar los valores para las ranuras (por defecto ?NINGUNO).

El atributo **default-dynamic** es un valor por defecto dinámico. Las expresiones especificadas se evalúan cada vez que se afirman los hechos de una plantilla y el resultado se asigna a la ranura apropiada.

Una ranura de un solo campo puede tener un solo valor para su valor predeterminado. Se puede especificar cualquier número de valores como valor predeterminado para una ranura de varios campos (siempre que el número de valores satisfaga el atributo de cardinalidad para la ranura).

Ejemplo

CLIPS> (claro)

CLIPS>>

(desinflar foo

  (ranura w (por defecto

  ?NINGUNA)) (ranura x

  (por defecto ?DERIVE))

  (ranura y (por defecto

  (gensym*)))

  (ranura z (dinámica por defecto

  (gensym*)))) CLIPS> (afirmar (foo))

TMPLTRHS1] La ranura w requiere un valor debido a su atributo (por defecto
?NONE).

CLIPS> (afirmar (foo (w 3)))

<Hecho - 0>

CLIPS> (afirmar (foo (w 4)))

<Hecho-1>

CLIPS>

(hechos)

f-0   (foo (w 3) (x nil) (y gen1) (z gen2))

f-1   (foo (w 4) (x nil) (y gen1) (z gen3))

Para un total de 2 hechos.

LIMPIOS>>

5.7.1. Restricciones predeterminadas de la ranura para la concordancia de patrones

Las ranuras de un solo campo que no están especificadas en un patrón en el LHS de una regla son predeterminadas a comodines de un solo campo (?) y las ranuras de varios campos son predeterminadas a comodines de varios campos ($??).

5.7.2. Atributos de limitación del valor de la ranura

La sintaxis y funcionalidad de los atributos de restricción de uno y varios campos se describen en detalle en la Sección 11. Se soporta la comprobación de restricciones estáticas y dinámicas para deformaciones. La comprobación estática se realiza cuando se analizan las construcciones o los comandos que utilizan ranuras de deformación (y la deformación específica asociada a la construcción o al comando se puede determinar inmediatamente). Los patrones de plantillas utilizados en el LHS de una regla también se comprueban para determinar si existen conflictos de restricciones entre las variables utilizadas en más de una ranura. Los errores por valores inapropiados se señalan inmediatamente. Las referencias a índices de hechos hechas en comandos como **modificar** y **duplicar** se consideran ambiguas y nunca se comprueban.

utilizando la comprobación estática. La comprobación estática está activada de forma predeterminada. Este comportamiento se puede modificar mediante la función de **comprobación de la estática y las restricciones.** También se admite la comprobación dinámica. Si la comprobación dinámica está activada, los nuevos datos de deflactado se verifican cuando se añaden a la lista de datos. Esta verificación dinámica está desactivada de forma predeterminada. Este comportamiento se puede modificar mediante la función de **comprobación de las limitaciones dinámicas.** Si se produce una infracción cuando se realiza una comprobación dinámica, se detendrá la ejecución.

<u>Ejemplo</u>

(objeto defllate

(nombre de la

ranura)

(tipo SÍMBOLO) (por

defecto ?DERIVE)))

(ubicación de la ranura

(tipo SÍMBOLO) (por

defecto ?DERIVE)))

(ranura en la parte

superior (tipo

SYMBOL) (piso

por defecto))

(peso de la ranura

(valores permitidos ligero pesado)

(por defecto ligero))

(contenido de múltiples ranuras

(tipo SÍMBOLO) (por

defecto ?DERIVE)))))

5.7.3. Deformaciones implícitas

Afirmar o referirse a un hecho ordenado (como en un patrón LHS) crea una deflactancia "implícita" con una única ranura multi-campo implícita. El nombre de la ranura multi-campo implícita no se imprime cuando se imprime el hecho. La plantilla de deformación implícita puede ser manipulada y examinada de la misma manera que cualquier plantilla de deformación definida por el usuario (aunque no tiene una bonita forma de impresión).

<u>Ejemplo</u>

CLIPS> (transparente)

CLIPS> (afirmar (foo 1 2 3))

<Hecho - 0>

CLIPS> (defrule yak (bar 4 5 6) =>)

CLIPS> (lista-deformaciones)

hecho inicial

foo

barra

Para un total de 3 deformaciones.

CLIPS> (hechos)

f-0   (foo 1 2 3)

Para un total de 1

hecho.

LIMPIOS>>

Con la construcción de **defectos**, se puede definir una lista de hechos que se activan automáticamente cada vez que se ejecuta el comando de **reinicio**. Los hechos que se afirman a través de los defectos pueden ser retractados o coincidentes como cualquier otro hecho. La lista de datos inicial, incluyendo cualquier defecto definido, siempre se reconstruye después de un comando de **reinicio**.

Sintaxis

(deffacts<deffacts-nombre   >[<comentario   >]
<RHS-patrón>*)

La redefinición de un deffacts actualmente existente hace que los deffacts anteriores con el mismo nombre se eliminen incluso si la nueva definición tiene errores. Puede haber múltiples construcciones de defectos y cualquier número de hechos (ya sea ordenados o deformados) puede ser afirmado en la lista de hechos inicial por cada construcción de defectos.

Las expresiones dinámicas pueden incluirse en un hecho incrustando la expresión directamente en el hecho. Todas estas expresiones se evalúan cuando se restablece CLIPS.

Ejemplo

(deffactsstartup   "Refrigerador
                    Estado" (refrigerador   liviano
                                       on) (puerta de la nevera abierta)

(temperatura del refrigerador (get-temp)))

Al iniciar y después de un comando **claro**, CLIPS construye automáticamente la siguiente plantilla de desinflado y desinflado.

(desinfla el hecho inicial)

(desinfla el hecho inicial)

(hecho inicial)))

Estos defectos proporcionan un método conveniente para iniciar la ejecución de un sistema: a las reglas a las que no se les da ningún elemento condicional se les da automáticamente un patrón que coincide con el hecho (hecho inicial). Los defectos *iniciales* pueden ser tratados de la misma manera que cualquier otro defecto definido por el usuario.

5.7.4. Definir la construcción de la férula

Uno de los métodos principales para representar el conocimiento en CLIPS es una regla. Una **regla** es un conjunto de condiciones y las acciones que se deben tomar si se cumplen las condiciones. El desarrollador de un sistema experto define las reglas que describen cómo resolver un problema. Las reglas se ejecutan (o **disparan**) basándose en la existencia o no de hechos o instancias de clases definidas por el usuario. CLIPS proporciona el mecanismo (el **motor de inferencia**) que intenta hacer coincidir las reglas con el estado actual del sistema (representado por la lista de hechos y la lista de instancias) y aplica las acciones.

A lo largo de esta sección, el término **entidad de patrón** se utilizará para referirse a un hecho o a una instancia de una clase definida por el usuario.

5.7.4.1. Definición de reglas

Las reglas se definen utilizando la construcción de **la deforma.**

<u>Sintaxis</u>

(defrule <nombre-

regla>[<comentario>][<declaración>];

Propiedades de la regla

```
<Elemento-
Condicional>*=>>>>>>>>>>>>>>>>>>>>>>>>>>>>>>>>>>>>>>>>>>>>>>>>>>>>>>>>>
>>>>>>>>>>>>>>>>>>>>>>>>>>>>>>>>>>>>>>>>>>>>>>>>>>>>>>>>>>>>>>>>>>>>>>>>
>>>>>>>>>>>>>>>>>>>>>>>>>>>>>>>>>>>>>>>>>>>>>>>>>>>""""""="="= = =
= = = ="="""""=))))).
```

<Acción>*);   Lado derecho (RHS)

Redefinir una defruta existente hace que la anterior con el mismo nombre se elimine incluso si la nueva definición tiene errores. El LHS se compone de una serie de elementos condicionales (CEs) que típicamente consisten en elementos condicionales de patrones (o simplemente patrones) para ser comparados con entidades de patrones. Un elemento implícito y condicional siempre rodea todos los patrones en el LHS. El RHS contiene una lista de acciones a realizar cuando el LHS de la regla es sat- isfied. Además, el LHS de una regla también puede contener declaraciones acerca de su inmediatamente después del nombre y el comentario de la regla (ver sección 5.4.10 para más detalles). La flecha (=>) separa el LHS del RHS. No hay límite en el número de elementos condicionales o acciones que puede tener una regla (aparte de la limitación impuesta por la memoria disponible real). Las acciones se realizan secuencialmente si, y sólo si, se cumplen todos los elementos condicionales del LHS.

Si no hay elementos condicionales en el LHS, se utiliza automáticamente el patrón CE (hecho inicial) u (objeto inicial). Si no hay acciones en el RHS, la regla puede ser activada y disparada pero no pasará nada.

A medida que se definen las reglas, se anulan gradualmente. Esto significa que los CEs en las reglas recién definidas pueden ser satisfechos por las entidades de patrón en el momento en que se define la regla, además de las entidades de patrón creadas después de que se haya definido la regla (ver secciones 13.1.7, 13.6.9, y 13.6.10 para más detalles).

Ejemplo

```
(defrule   regla de ejemplo    "Este  es una  modelo   de  a  sencill  rule"
(refrigerador                          puerta              o
                                                                on)
(refrigerador                          ligera                    open)
(refrigerador
=>
```

(afirmación (comida de refrigerador estropeada)))

5.8. Ciclo básico de ejecución de reglas

Una vez que se construye una base de conocimientos (en forma de reglas) y se prepara la lista de datos y la lista de instancias, CLIPS está listo para ejecutar las reglas. En un lenguaje convencional, el punto de partida, el punto de parada y la secuencia de operaciones son definidos explícitamente por el programador. Con CLIPS, no es necesario definir el flujo del programa de forma tan explícita. El conocimiento (reglas) y los datos (hechos e instancias) se separan, y el motor de inferencia proporcionado por CLIPS se utiliza para aplicar el conocimiento a los datos. El ciclo básico de ejecución es el siguiente:

a) Si se ha alcanzado el límite de disparo de la regla o no hay ningún foco actual, se detiene la ejecución. De lo contrario, se selecciona para su ejecución la regla principal de la agenda del módulo que es el foco actual. Si no hay reglas en esa agenda, entonces el foco actual se elimina de la pila de foco y el foco actual se convierte en el siguiente módulo de la pila de foco. Si la pila de foco está vacía, la ejecución se detiene, de lo contrario el paso *a* se ejecuta de nuevo. Consulte las secciones 5.4.10.2, 10.6, 12.2 y 13.7 para obtener información sobre la pila de enfoque y el enfoque actual.

b) Se ejecutan las acciones del lado derecho (RHS) de la regla seleccionada. El uso de la función de **retorno** en la RHS de una regla puede eliminar el enfoque actual de la pila de enfoque (ver secciones 10.6 y 12.6.7). El número de reglas disparadas se incrementa para su uso con el límite de disparo de reglas.

c) Como resultado del paso b, las reglas pueden **activarse** o **desactivarse**. Las reglas activadas (aquellas cuyas condiciones se cumplen actualmente) se incluyen en la **agenda** del módulo en el que se definen. La inclusión en el orden del día viene determinada por la **importancia de la** norma y la **estrategia** actual **de resolución de conflictos** (véanse las secciones 5.3, 5.4.10, 13.7.5 y 13.7.6). Las reglas desactivadas se eliminan del orden del día. Si el elemento de activaciones está siendo observado (ver sección 13.2), se mostrará un mensaje informativo cada vez que se active o desactive una regla.

d) Si se utiliza la **saliencia dinámica**, se reevalúan los valores de saliencia para todas las reglas de la agenda (véanse las secciones 5.4.10, 13.7.9 y 13.7.10). Repita el ciclo comenzando con el paso a.

5.9. Estrategias de resolución de conflictos

La **agenda** es la lista de todas las reglas que tienen sus condiciones satisfechas (y que todavía no han sido ejecutadas). Cada módulo tiene su propia agenda. La agenda actúa como una pila (la regla principal de la agenda es la primera que se ejecuta). Cuando una regla se activa de nuevo, su colocación en la agenda se basa (en orden) en los siguientes factores:

a) Las reglas recién activadas se colocan por encima de todas las reglas de menor importancia y por debajo de todas las reglas de mayor importancia.

b) Entre las reglas de igual importancia, la actual estrategia de resolución de conflictos se utiliza para determinar la colocación entre las otras reglas de igual importancia.

c) Si una regla se activa (junto con varias otras reglas) por la misma afirmación o retractación de un hecho, y los pasos a y b no pueden especificar una orden, entonces la regla se ordena arbitrariamente (*no al azar*) en relación con las otras reglas con las que se activó. Nótese, a este respecto, que el orden en que se definen las normas tiene un efecto arbitrario en la resolución de conflictos (que depende en gran medida de la actual aplicación subyacente de las normas). *No dependa de esta orden arbitraria para la correcta ejecución de sus reglas.*

CLIPS proporciona siete estrategias de resolución de conflictos: profundidad, amplitud, simplicidad, complejidad, lex, mea y aleatoriedad. La estrategia por defecto es la profundidad. La estrategia actual se puede establecer utilizando el comando **set-strategy** (que reordenará la agenda en función de la nueva estrategia).

5.10. Estrategia de profundidad

Las reglas recién activadas se colocan por encima de todas las reglas de la
misma importancia. Por ejemplo, dado que un hecho (a) activa la regla 1 y la regla 2 y
b) activa la regla 3 y la regla 4, si el hecho (a) se afirma antes que el hecho (b), la regla
3 y la regla 4 estarán por encima de la regla 1 y la regla 2 en la agenda. Sin embargo, la
posición de la regla 1 en relación con la regla 2 y la regla 3 en relación con la regla 4
será arbitraria.

5.11. Estrategia de Amplitud

Las reglas recién activadas se colocan debajo de todas las reglas de la misma
importancia. Por ejemplo, dado que un hecho (a) activa la regla 1 y la regla 2 y b)
activa la regla 3 y la regla 4, si el hecho (a) se afirma antes que el hecho (b), la regla 1
y la regla 2 estarán por encima de la regla 3 y la regla 4 en la agenda. Sin embargo, la
posición de la regla 1 en relación con la regla 2 y la regla 3 en relación con la regla 4
será arbitraria.

5.11.1. Simplicidad Estrategia

Entre las reglas de la misma importancia, las reglas recién activadas se colocan
por encima de todas las activaciones de reglas con igual o mayor especificidad. La
especificidad de una regla se determina por el número de comparaciones que se deben
realizar en el LHS de la regla. Cada comparación con una variable constante o
previamente vinculada añade una a la especificidad. Cada llamada de función realizada
en el LHS de una regla como parte del elemento condicional :, =, o test añade una a la
especificidad. Las funciones booleanas **y**, **o**, y **no**, no añaden a la especificidad de una
regla, pero sus argumentos sí. Las llamadas de función realizadas dentro de una
llamada de función no aumentan la especificidad de una regla. Por ejemplo, la
siguiente regla

(ejemplo   de

defrule   (ítem

?x?y ?y ?x)

(prueba (y (numberp?x) (> ?x (+ 10?y)) (< ?x 100)))

=>)

tiene una especificidad de 5. La comparación con la posición constante, la comparación de

?x a su enlace anterior, y las llamadas a las funciones **numberp**, < , y > añaden cada una una a la especificidad para un total de 5. Las llamadas a las funciones **y y** y + no aumentan la especificidad de la regla.

5.11.2. Estrategia de Complejidad

Entre las reglas de la misma importancia, las reglas recién activadas se colocan por encima de todas las activaciones de reglas con igual o menor especificidad.

5.11.3. Estrategia LEX

Entre las reglas de la misma importancia, las reglas recién activadas se colocan utilizando la estrategia OPS5 del mismo nombre. En primer lugar, se utiliza la recencia de las entidades de patrón que activaron la regla para determinar dónde colocar la activación. Cada hecho e instancia se marca internamente con una "etiqueta de tiempo" para indicar su relativa actualidad con respecto a cualquier otro hecho e instancia en el sistema. Las entidades de patrones asociadas con cada activación de reglas se clasifican en orden descendente para determinar la colocación. Una activación con entidades de patrones más recientes se coloca antes que las activaciones con entidades de patrones menos recientes. Para determinar el orden de colocación de dos activaciones, compare las etiquetas de tiempo ordenadas de las dos activaciones una por una empezando con las etiquetas de tiempo más grandes. La comparación debe continuar hasta que la etiqueta de tiempo de una activación sea mayor que la etiqueta de tiempo correspondiente de la otra activación. La activación con la etiqueta de tiempo mayor se coloca antes que la otra activación en la agenda.

Si una activación tiene más entidades de patrón que la otra activación y las etiquetas de tiempo comparadas son todas idénticas, entonces la activación con más etiquetas de tiempo se coloca antes que la otra activación en la agenda. Si dos activaciones tienen exactamente lo mismo la activación con la mayor especificidad se coloca por encima de la activación con la menor especificidad. A diferencia de OPS5, los elementos *no* condicionales en CLIPS tienen pseudo etiquetas de tiempo que son usadas por la estrategia de resolución de conflictos LEX. La etiqueta de tiempo de un *no* CE es siempre menor que la etiqueta de tiempo de una entidad de modelo, pero mayor que la etiqueta de tiempo de un *no* CE que se instanció después de la *no* CE en cuestión.

Como ejemplo, las siguientes seis activaciones han sido listadas en su orden LEX (donde la coma al final de la activación indica la presencia de un *no* CE). Tenga en cuenta que la etiqueta de tiempo de un hecho no es necesariamente la misma que su índice (ya que a las instancias también se les asignan etiquetas de tiempo), pero si el índice de un hecho es mayor que el índice de otro hecho, entonces su etiqueta de tiempo también es mayor. Para este ejemplo, suponga que las etiquetas de tiempo y los índices son los mismos.

regla   6:   f-1,f-4

regla   5:   f-1,f-2,f-

3,

regla-1: f-1,f-2,f-3

regla-2: f-3,f-1

Regla 4: F-1, F-2,

regla-3: f-2,f-1

A continuación se muestran las mismas activaciones con los índices de hechos clasificados como lo serían por la estrategia LEX para la comparación.

regla-6:   f-4,f-1

regla-5:   f-3,f-2,f-
1,

regla-1: f-3,f-2,f-1

regla-2: f-3,f-1

Regla 4: F-2, F-1,

regla-3: f-2,f-1

5.12. Estrategia de los AMUMA

Entre las reglas de la misma importancia, las reglas recién activadas se colocan utilizando la estrategia OPS5 del mismo nombre. Primero se usa la etiqueta de tiempo de la entidad de patrón asociada con el primer patrón para determinar dónde colocar la activación. Una activación que es la etiqueta de tiempo del primer patrón es mayor que otra activación, la etiqueta de tiempo del primer patrón se coloca antes de la otra activación en la agenda. Si ambas activaciones tienen la misma etiqueta de tiempo asociada con el primer patrón, entonces la estrategia LEX se utiliza para determinar la colocación de la activación. Una vez más, al igual que con la estrategia CLIPS LEX, los patrones negados tienen pseudo etiquetas de tiempo.

Como ejemplo, las siguientes seis activaciones han sido listadas en su orden MEA (donde la coma al final de la activación indica la presencia de un patrón negado).

regla-2: f-3,f-1

regla-3: f-2,f-1

regla   6:   f-1,f-4

regla   5:   f-1,f-2,f-

3,

regla-1: f-1,f-2,f-3

Regla 4: F-1, F-2,

5.13. Estrategia aleatoria

A cada activación se le asigna un número aleatorio que se utiliza para determinar su ubicación entre las activaciones de igual importancia. Este número aleatorio se conserva

cuando se modifica la estrategia para que se reproduzca el mismo orden cuando se
vuelve a seleccionar la estrategia aleatoria (entre activaciones que estaban en la agenda
cuando se modificó originalmente la estrategia).

5.14. Sintaxis LHS

Esta sección describe la sintaxis utilizada en el LHS de una regla. El LHS de una
regla CLIPS se compone de una serie de elementos condicionales (CEs) que deben
cumplirse para que la regla sea incluida en la agenda. Hay ocho tipos de elementos
condicionales: CEs **patrón**, CEs de **prueba y** CEs, **o** CEs, o CEs, **no** CEs, **existen** CEs,
para todos los CEs, y CEs **lógicos**. El **patrón** CE es el elemento condicional más
básico y comúnmente utilizado. Los CEs de **patrones** contienen restricciones que se
utilizan para determinar si alguna entidad de patrones (hechos o instancias) satisface el
patrón. La **prueba** CE se utiliza para evaluar expresiones como parte del proceso de
concordancia de patrones. El **y** CE se utiliza para especificar que todo un grupo de CEs
debe estar satisfecho. El **o** CE se utiliza para especificar que sólo uno de un grupo de
CEs debe ser satisfecho. El **no** CE se utiliza para especificar que un CE no debe ser
satisfecho. El CE **existente** se utiliza para comprobar la existencia de al menos una
coincidencia parcial para un conjunto de CEs. El **forall** CE se utiliza para comprobar
que se satisface un conjunto de CEs por cada coincidencia parcial de un CE
especificado. Finalmente, el CE **lógico** permite que las afirmaciones de hechos y la
creación de instancias en el RHS de una regla sean lógicamente dependientes de las
entidades de patrones que coinciden con los patrones del LHS de una regla
(mantenimiento de la verdad).

<u>Sintaxis</u>

<elemento-condicional> ::= <patrón-CE> || <patrón-CE> | <patrón-CE>.

<assigned-pattern-CE> ||assigned-pattern-CE> |

<not-CE> | |

<y-CE> | |

<or-CE> | |

<logical-CE> | | <logical-CE

<test-CE> | | <test-CE

<existe-CE> | | <existe-CE> | | | | <<<<<<<<<<<<<<<<<
<<< | <<<< | << | <<<<<<><<<< | <<<<<< | << | < |
<<< | <<<<<<< | <<<< | <<<<<< | <<<<<<<<<.

<para todo el-CE>

5.15. Elemento condicional del patrón

Los elementos condicionales del patrón consisten en una colección de restricciones de campo, comodines y variables que se utilizan para restringir el conjunto de hechos o instancias que coinciden con el patrón CE. Un EC patrón es satisfecho por todas y cada una de las entidades de patrones que satisfacen sus limitaciones. Las **restricciones de campo** son un conjunto de restricciones que se utilizan para probar un solo campo o ranura de una entidad de patrón. Una restricción de campo puede consistir en una sola restricción literal; sin embargo, también puede consistir en varias restricciones conectadas entre sí. Además de las restricciones literales, CLIPS proporciona otros tres tipos de restricciones: restricciones conectivas, restricciones predicadas y restricciones de valor de retorno. Los comodines se utilizan dentro de los CEs de patrones para indicar que un solo campo o grupo de campos puede ser igualado por cualquier cosa. Las variables se utilizan para almacenar el valor de un campo de modo que pueda ser utilizado posteriormente en el LHS de una regla en otros elementos condicionales o en el RHS de una regla como argumento para una acción.

El primer campo de cualquier patrón *debe* ser un símbolo y no puede utilizar ninguna otra restricción. Este primer campo es utilizado por CLIPS para determinar si el patrón se aplica a un hecho ordenado, a un hecho de plantilla o a una instancia. El símbolo *objeto* se reserva para indicar un patrón de objeto. Cualquier otro símbolo utilizado debe corresponder al nombre de una plantilla deformada (o se creará una plantilla deformada implícita). Los nombres de las ranuras también deben ser símbolos y no pueden contener ninguna otra restricción.

Para los patrones de objeto y de plantilla, una ranura de campo único sólo puede contener una restricción de campo y esa restricción de campo sólo debe ser capaz de coincidir con un solo campo (sin comodines o variables de varios campos). Una ranura multi-campo puede contener cualquier número de restricciones de campo.

Los ejemplos y la sintaxis que se muestran en las siguientes secciones se refieren a patrones de hechos ordenados y desinflados. La Sección 5.4.1.7 discutirá las diferencias entre los patrones de deformación y los patrones de objetos. Las siguientes construcciones son utilizadas por los ejemplos.

(datos deffacts data-

facts (datos 1.0 azul

"rojo") (datos 1 azul)

(datos 1 azul rojo)

(datos 1 azul ROJO)

(datos 1 azul rojo

6.9)) (desinflar

persona (nombre de la

ranura)

(edad de las

tragaperras)

(amigos de varias

tragaperras))

(desanima a la

gente

(persona (nombre Joe) (20 años))

(persona (nombre Bob) (edad

20)) (persona (nombre Joe)

(edad 34)) (persona (nombre

Sue) (edad 34)) (persona

(nombre Sue) (edad 20))

5.15.1. Limitaciones literales

La restricción más básica que se puede utilizar en un patrón CE es la que define
con precisión el valor exacto que coincidirá con un campo. Esto se denomina
restricción literal. Un **patrón literal CE** consiste enteramente en constantes tales
como flotadores, enteros, símbolos, cadenas y nombres de instancias. No contiene
variables ni comodines. Todas las restricciones en un patrón literal deben coincidir
exactamente con todos los campos de   una entidad de patrón.

<u>Sintaxis</u>

Un elemento condicional de patrón ordenado que contiene sólo literales tiene la
siguiente sintaxis básica:

(<constante-1> .... <constante-n>)

Un elemento condicional de patrón de deformación que contiene sólo literales
tiene la siguiente sintaxis básica:

(<nombre-deflecha> (<nombre-ranura-1>   <constante-1
                              >)

                    -•

                    -•

                    -•

(<nombre-de-intervalo-nombre-n> <constante-n>))

Este ejemplo utiliza las diferencias entre *los datos y los hechos que* se

muestran en la sección 5.4.1. CLIPS> (transparente)

CLIPS> (defrule find-data (data 1 blue red) =>)

CLIPS> (reset)

CLIPS> (agenda)

0find-data   : f-3

Para un total de 1

activación. CLIPS>

(hechos)

f-0   (hecho inicial)

f-1   (datos 1.0 azul

"rojo") f-2   (datos 1

azul)

f-3   (datos 1 azul rojo)

f-4   (datos 1 azul ROJO)

f-5   (datos 1 azul rojo

6.9) Para un total de 6

hechos.

LIMPIOS>>

298

Ejemplo 2

Este ejemplo utiliza la plantilla de desinflado de la *persona* y *los* defectos de las *personas que* se muestran en la sección 5.4.1.

CLIPS> (claro)

CLIPS>>

(defrule Find-Bob

  (persona (nombre Bob) (20 años))

  =>)

LIMPIOS>>

(defrule Find-Sue

  (persona (34 años) (nombre Sue))

  =>)

CLIPS> (reset)

CLIPS> (agenda)

0Find-Sue   : f-4

0Find-Bob   : f-2

Para un total de 2

activaciones. CLIPS>

(hechos)

f-0   (hecho inicial)

f-1   (persona (nombre Joe) (20 años) (amigos))

f-2   (persona (nombre Bob) (edad 20)

(amigos)) f-3   (persona (nombre Joe)

(edad 34) (amigos))

(edad 34) (amigos))

f-4 (persona (nombre Sue) (edad 34)

(amigos)) f-5 (persona (nombre Sue) (edad

20) (amigos)) Para un total de 6 hechos.

LIMPIOS>>

5.16. Comodines de uno y varios campos

CLIPS tiene dos símbolos **comodín** que pueden utilizarse para hacer coincidir los campos de un charco. CLIPS interpreta estos símbolos comodín como si estuvieran en lugar de alguna parte de una entidad de patrón. El **comodín de un solo campo**, denotado por un carácter de signo de interrogación (?), coincide con cualquier valor almacenado en exactamente un campo de la entidad de patrón. El **comodín multi-campo**, denotado por un signo de dólar seguido de un signo de interrogación ($?), coincide con cualquier valor en *cero* o más campos en una entidad de patrón. Los comodines de un solo campo y de varios campos pueden combinarse en un solo patrón en cualquier combinación. Es ilegal utilizar un comodín de varios campos en una ranura de un solo campo de un patrón de deformación u objeto. Por defecto, una ranura de un solo campo no especificada en un patrón de deformación/objeto se compara con un comodín de un solo campo implícito. Del mismo modo, una ranura multicampo no especificada en un patrón de deformación/objeto se compara con una tarjeta comodín multicampo implícita.

<u>Sintaxis</u>

Un elemento condicional de patrón ordenado que contiene sólo literales y comodines tiene la siguiente sintaxis básica:

(<constraint-1> .... <constraint-n>)

donde

<constraint> ::= <constant> | ? | $?

Un elemento condicional de un patrón de deformación que contiene sólo
literales y comodines tiene la siguiente sintaxis básica:

(<nombre-deflecha> (<nombre-ranura-1>)   <constraint-1>)

                        -•

                        -•

                        -•

        (<nombre de la ranura-nombre-n> <constraint-n>))

Ejemplo 1

Este ejemplo utiliza las diferencias entre *los datos y los hechos que* se muestran
en la sección 5.4.1.


```
CLIPS> (claro)

CLIPS>>

(defrule find-data

  (datos ? azul rojo

 $?)

 =>)

CLIPS> (reset)

CLIPS> (agenda)

0find-data      : f-5

0find-data      : f-3
```

Para un total de 2 activaciones.

CLIPS> (hechos)

f-0   (hecho inicial)

f-1   (datos 1.0 azul

"rojo") f-2   (datos 1

azul)

f-3   (datos 1 azul rojo)

f-4   (datos 1 azul ROJO)

f-5   (datos 1 azul rojo

6.9) Para un total de 6

hechos.

LIMPIOS>>

Ejemplo 2

Este ejemplo utiliza la plantilla de desinflado de la *persona* y *los* defectos de
las *personas que* se muestran en la sección 5.4.1.

CLIPS> (claro)

CLIPS>>

(defrule match-all-persons

  (persona)

  =>)

CLIPS> (reset)

CLIPS> (agenda)

0 personas   : f-5

0 personas   : f-4

0 personas   : f-3

0 personas   : f-2

0   match-all-persons: f-1

Para   un   total   de   5

activaciones.   CLIPS>

(hechos)

f-0   (hecho inicial)

f-1   (persona (nombre Joe) (20 años)

(amigos)) f-2   (persona (nombre Bob) (20

años) (amigos)) f-3   (persona (nombre

Joe) (34 años) (amigos)) f-4   (persona

(nombre Sue) (edad 34) (amigos)) f-5

(persona (nombre Sue) (edad 20) (amigos))

Para un total de 6 hechos.

LIMPIOS>>

Se pueden combinar las restricciones de comodín y literales de varios campos para obtener unas potentes capacidades de coincidencia de patrones. Un patrón que coincida con todos los hechos que tengan el símbolo AMARILLO en cualquier campo (que no sea el primero) podría escribirse como

(datos $? AMARILLO $?)

Algunos ejemplos de lo que este patrón coincidiría son

(datos AMARILLO azul, rojo, verde)

(datos   AMARILLO

rojo)   (datos

AMARILLO) (datos

AMARILLO)

(datos AMARILLO datos AMARILLO AMARILLO)

El último hecho coincidirá dos veces ya que AMARILLO aparece dos veces en el hecho. El   uso de comodines multicampo debe limitarse a los casos de patrones en los que el comodín de un solo campo no pueda crear un patrón que satisfaga la coincidencia requerida, ya que el comodín multicampo produce todas las combinaciones posibles de coincidencias que puedan derivarse de una entidad de patrón. Esta derivación de partidos requiere una cantidad de tiempo significativa en comparación con el tiempo necesario para realizar un partido de un solo campo.

5.17. Variables Monocampo y Multicampo

Los símbolos comodín reemplazan partes de un patrón y aceptan cualquier valor. El valor del campo que se está reemplazando puede ser capturado en una **variable** para comparación, visualización u otras manipulaciones. Esto se hace siguiendo directamente el símbolo de comodín con un nombre de variable.

<u>Sintaxis</u>

Expandiendo la definición de sintaxis dada en la sección 5.4.1.2 ahora da:

<constraint> ::= <constant> | ? | $? |

    <Variable de campo único> | | Variable de campo único

<variable-multi-multi-multi-multi-multi-multi-multi-multi-multi-multi-
multi-multi-multi-multi-multi-multi-multi-multi-multi-multi-multi-multi-
multi-multi-multi-multi-multi-multi-multi-multi-multi-multi-multi-multi-.

<variable de campo único> ::= ?<símbolo de variable>

<variable-multiforme> ::= $?<símbolo-variable>

Donde <símbolo-variable> es similar a un símbolo, excepto que debe comenzar con un carácter alfabético. No se permiten las comillas dobles como parte de un nombre de variable; es decir, no se puede utilizar una cadena para un nombre de variable. Las reglas para la concordancia de patrones son similares a las de los símbolos comodín. En su primera aparición, una variable actúa como un comodín en el sentido de que se vincula a cualquier valor en el campo(s). Sin embargo, las apariciones posteriores de la variable requieren que los campos coincidan con la vinculación de la variable. La vinculación sólo será cierta en el ámbito de la norma en la que se produzca. Cada regla tiene una lista privada de nombres de variables con sus valores asociados; por lo tanto, las variables son locales a una regla. Las variables encuadernadas se pueden pasar a funciones externas. El operador $ tiene un significado especial en el LHS como operador de concordancia de patrones para indicar que deben coincidir cero o más campos. En otros lugares (como el RHS de una regla), el $ delante de una variable indica que la expansión de la secuencia debe tener lugar antes de llamar la función. Por lo tanto, cuando se pasan como parámetros en llamadas de función (ya sea en el LHS o RHS de una regla), las variables multicampo no deben ir precedidas por $ (a menos que se desee una expansión de la secuencia). Sin embargo, todos los demás usos de una variable multi-campo en el LHS de una regla deben usar el $. Es ilegal utilizar una variable multicampo en una ranura de un solo campo de un patrón de deformación/objeto.

Ejemplo 1

CLIPS>

(borrar)

CLIPS> (reset)

CLIPS> (afirmar (datos 2 verde

azulado) (datos 1 azul)

(datos 1 azul rojo)))

<Hecho-3>

CLIPS>

(hechos)

f-0   (hecho inicial)

f-1   (datos 2 azul

verde) f-2   (datos

1 azul)

f-3   (datos 1 azul

rojo) Para un total de 4

hechos. LIMPIOS>>

(defrule find-data-1

  (datos ?x?y ?z)

  =>

  (impresión t ?x " : " ?y " : " ?z crlf)))

CLIPS> (ejecutar)

1 azul: rojo

2 azul: verde

CLIPS>>

verde

Ejemplo 2

CLIPS> (reset)

CLIPS> (afirmar (datos 1 azul)

(datos 1 azul rojo)

(datos 1 azul rojo

6.9))

<Hecho-3>

CLIPS>

(hechos)

f-0   (hecho

inicial) f-1

(datos 1 azul)

f-2   (datos 1 azul rojo)

f-3   (datos 1 azul rojo

6.9) Para un total de 4

hechos.

LIMPIOS>>

(defrule find-data-1

  (datos ?x $?y ?z)

  =>

  (impresión t "?x = " ?x crlf

```
            "?y = " ?y crlf

            "?z = " ?z crlf

            " -----" crlf)))

CLIPS> (ejecutar)
```

?x = 1

?y = (azul rojo)

?z = 6.9

- - - -

?x = 1

?y = (azul)

?z = rojo

- - - -

?x = 1

?y = ()

?z = azul

- - - -

LIMPIOS>>

Una vez que se produce el enlace inicial de una variable, todas las referencias a esa variable tienen que coincidir con el valor que coincidió con el primer enlace. Esto se aplica tanto a las variables de campo único como a las variables de campo múltiple. También se aplica a todos los patrones.

Ejemplo 3

CLIPS> (claro)

CLIPS>>

```
(datos deffacts

  (datos rojo verde)

  (datos púrpura

  azul)

  (datos púrpura verde)

  (datos rojo azul verde)

  (datos púrpura azul

  verde)

  (datos morado, azul,

marrón)) LIMPIOS>>
(defrule find-data-1

  (datos rojo ?x)

  (datos púrpura ?x)

  =>)

LIMPIOS>>
(defrule find-data-2

  (datos rojo $?x)

  (datos púrpura

  $?x)

  =>)
```

CLIPS> (reset)

CLIPS>

(hechos)

f-0   (hecho inicial)

f-1   (datos rojo verde)

f-2   (datos azul

púrpura) f-3   (datos

verde púrpura)

f-4   (datos rojo azul verde)

f-5   (datos púrpura, azul,

verde) f-6   (datos

púrpura, azul, marrón) Para un

total de 7 hechos.

CLIPS> (agenda)

0find-data-2   : f-4,f-5

0find-data-1   : f-1,f-3

0find-data-2   : f-1,f-3

Para un total de 3

activaciones. LIMPIOS>>

5.18. Restricciones Conectivas

Hay tres **restricciones conectivas** disponibles para conectar las restricciones individuales y las variables entre sí. Éstas son las restricciones conectivas & (y), | (o), y ~ (no). La restricción & se cumple si se cumplen las dos restricciones adyacentes. La restricción | se satisface si se satisface cualquiera de las dos restricciones adyacentes. La restricción ~ se cumple si no se cumple la siguiente restricción. Las restricciones conectivas pueden ser combinadas de casi cualquier manera o número para restringir el valor de campos específicos mientras que la concordancia de patrones. La ~ restricción tiene el valor más alto seguida de la & y la restricción, seguida de la | restricción. De lo contrario, se puede considerar que la evaluación de las múltiples limitaciones se realiza de izquierda a derecha.

Sintaxis Básica

Las restricciones conectivas tienen la siguiente sintaxis básica:

<term-1> & <term-2> .... & <term-3>

<term-1> |<term-2> .... |**<Temporada 3 - Episodio 3 - Episodio 3**

~<term>

donde <term> podría ser una variable de un solo campo, una variable multi-campo, una constante o una restricción conectada.

Sintaxis

Ampliación de la definición de sintaxis dada en la sección 5.4.1.3 ahora da:

<constraint> ::= ? | $? | Restricción de conexión> <conectada

<conectada-restricción> <conectado

DIFUNDE LA PALABRA-

<limitación única> & <limitación conectada> | <limitación conectada

Restricción única> | < Restricción conectada> < Restricción conectada>

<simple restricción> ::= <term> | ~<term> <term>

<termino> ::= <constante> || <constante

<Variable de campo único> | | Variable de campo único

<variable-multi-.

La restricción & se utiliza normalmente sólo en combinación con otras restricciones o encuadernaciones variables. Observe que las restricciones conectivas se pueden utilizar juntas y/o con ligaduras variables. Si el primer término de una restricción conectiva es la primera aparición de un nombre de variable, entonces el campo estará limitado sólo por las restricciones de campo restantes. La variable estará vinculada al valor del campo. Si la variable ha sido ligada previamente, se considera una restricción adicional junto con las restricciones de campo restantes; es decir, el campo debe tener el mismo valor ya ligado a la variable y debe satisfacer las restricciones de campo.

Ejemplo 1

CLIPS> (transparente)

CLIPS> (datos de desinflado B (valor de

ranura)) LIMPIOS>>

(deffacts AB

  (data-A verde)

  (data-A azul)

  (data-B (valor rojo))

  (data-B (valor azul)))

LIMPIOS>>

(ejemplo de defrule1-1

  (data-A ~azul)

  =>)

LIMPIOS>>

(ejemplo de defrule1-2

  (data-B (valor ~rojo&~verde))

  =>)

LIMPIOS>>

(ejemplo de defrule1-3

  (data-B (valor verde|rojo))

  =>)

CLIPS> (reset)

CLIPS>

(hechos)

f-0   (hecho inicial)

f-1   (data-A verde)

f-2   (data-A azul)

f-3   (data-B (valor rojo))

f-4   (data-B (valor azul))

Para un total de 5 hechos.

CLIPS> (agenda)

0ejemplo1-2   : f-4

0   ejemplo1-3: f-3

0ejemplo1-1   : f-1

Para un total de 3

activaciones. LIMPIOS>>

Ejemplo 2

CLIPS> (transparente)

CLIPS> (datos de desinflado B (valor de

ranura)) LIMPIOS>>

(defectos B

  (data-B (valor rojo))

(data-B (valor azul)))

LIMPIOS>>

(ejemplo de defrule2-1

  (data-B (valor ?x&~rojo&~verde))

  =>

  (impresión t "?x en el ejemplo2-1 = " ?x

crlf))) LIMPIOS>>

(ejemplo de defrule2-2

  (data-B (valor ?x&verde|rojo))

  =>

(impresión t "?x en el ejemplo2-2 = " ?x

crlf))) CLIPS> (reset)

CLIPS> (ejecutar)

?x en el ejemplo 2-1 = azul

?x en el ejemplo2-2 =

CLIPS rojos>

Ejemplo 3

CLIPS> (transparente)

CLIPS> (datos de desinflado B (valor de

ranura)) LIMPIOS>>

(deffacts AB

  (data-A verde)

  (data-A azul)

  (data-B (valor rojo))

(data-B (valor azul)))

LIMPIOS>>

(ejemplo de defrule3-1

  (data-A ?x&&~green)

  (data-B (valor ?y&~?x))

  =>)

LIMPIOS>>

(ejemplo de

 defrule3-2 (data-A

 ?x)

 (data-B (valor ?x&verde|azul))

 =>)

LIMPIOS>>

(ejemplo 3-3 (data-

 A ?x)

 (data-B (valor ?y&azul|?x))

 =>)

CLIPS> (reset)

CLIPS>

(hechos)

f-0   (hecho inicial)

f-1   (data-A verde)

f-2   (data-A azul)

f-3   (data-B (valor rojo))

f-4   (data-B (valor azul))

Para un total de 5 hechos.

CLIPS> (agenda)

0ejemplo3-3   : f-1,f-4

0ejemplo3-3   : f-2,f-4

0ejemplo3-2   : f-2,f-4

0ejemplo3-1   : f-2,f-3

Para un total de 4

activaciones. LIMPIOS>>

CLIPS> (afirmar (datos 1); f-0

        (datos 1 2); f-1

        (datos 1 2 3)) ; f-2

<Fact-2> CLIPS>

(agenda)

0ejemplo-5   : f-2

Para un total de 1

activación. LIMPIOS>>

Esta página se ha dejado intencionadamente en blanco

Capítulo 6

6.1. AI hoy

En este último capítulo, veremos hacia dónde se dirige la investigación para la IA hoy en día. La IA es un ejemplo clásico de una tecnología que al principio parecía tan solvente, y luego, al examinarla más de cerca, tan espinosa y difícil. Las primeras promesas de AI no funcionaron, lo que hace que predecir su futuro sea, en el mejor de los casos, ambicioso. En esta sección se presentan algunos de los desarrollos interesantes que están cambiando la IA en la actualidad.

6.1.1. De arriba hacia abajo y de abajo hacia arriba

Los métodos para lograr la inteligencia artificial se pueden dividir en dos grandes categorías: de arriba hacia abajo y de abajo hacia arriba. La categoría top-down es sinónimo de IA simbólica tradicional donde la cognición es un concepto de alto nivel y es independiente de los detalles de bajo nivel que la implementan. La categoría bottom-up es sinónimo de IA conexionista (redes neuronales); siguiendo de cerca el modelo de nuestros propios cerebros de mamíferos. Se espera que la cognición, desde la perspectiva de abajo hacia arriba, emerja de la operación de muchos elementos simples. También se incluyen en el enfoque ascendente los algoritmos evolutivos y la vida artificial.

Considere nuestros propios cerebros. Todavía tenemos que definir las estructuras plausibles que existen dentro del cerebro y que producen lo que consideramos inteligencia o conciencia. Sin embargo, el despido de millones de neuronas de alguna manera proporciona inteligencia a nivel global. El simple proceso de una neurona que se dispara a nivel micro da lugar a algo mucho mayor a nivel macro.

AI comenzó en el campo de arriba hacia abajo con sólo una pequeña cantidad de investigación sobre el conexismo. La investigación en redes neuronales se detuvo casi por completo después de que Marvin Minsky y Seymour Papert publicaran el libro *Perceptrons*, pero la comunidad investigadora no tardó en darse cuenta de que los problemas identificados en el libro eran fáciles de resolver. Tal y como están las cosas ahora, el campo de abajo hacia arriba tiene la ventaja para el futuro de la IA. Una pregunta interesante para la IA es si podemos programar una IA que imite la inteligencia humana, o construir las necesidades básicas y permitir a la IA aprender y evolucionar hacia la inteligencia humana. Los resultados en ambos campos muestran que el campo de abajo hacia arriba avanza.

6.2. Construyendo Animales Artificiales

Alan Turing propuso por primera vez la idea de una "máquina infantil", con la premisa de que una máquina inteligente no se encendería e inmediatamente sería inteligente,   sino que aprendería como lo hacen los niños. El deseo de aprender se programaría, pero el conocimiento contenido en la máquina se aprendería con el tiempo.

Otros han propuesto que la construcción de animales artificiales es el enfoque correcto. ¿Podríamos construir un insecto artificial, por ejemplo, que pudiera imitar el comportamiento y la capacidad de aprendizaje del insecto físico? Este es un paso mucho más pequeño que construir un humano artificial, pero es muy probable que las lecciones aprendidas a lo largo del camino nos ayuden   en este esfuerzo.

La progresión lógica de los insectos artificiales, los animales y los seres humanos son su encarnación física en los robots. Esto requerirá innovaciones en el desarrollo   y la construcción de microsensores y actuadores, además de estructuras cognitivas basadas en software que permitan un aprendizaje ilimitado.

6.3. Razonamiento con sentido común y CYC

Marvin Minsky identificó uno de los principales problemas de los sistemas expertos de hoy en día: aunque incluyen una gran masa de conocimiento sobre un dominio en particular, carecen de sentido común[Minsky 1992]. Considere el ejemplo de un sistema experto y un programa de ajedrez. Ambos son razonablemente inteligentes dentro del pequeño dominio para el cual existen, pero el sistema experto no sabe nada sobre ajedrez, y el programa de ajedrez no puede razonar sobre nada más que seleccionar una jugada de ajedrez. En otras palabras, estos programas inteligentes son inútiles fuera de su particular

experiencia. Tal vez si estos sistemas estuvieran dotados de algún tipo de sentido común, podrían comunicarse entre sí e incluso cooperar.

Uno de los proyectos de razonamiento con sentido común más visibles hoy en día es el proyecto CYC en Cycorp. Este proyecto está dirigido por Doug Lenat (volveremos a ver este nombre en el campo de los descubrimientos científicos). El objetivo original de CYC era desarrollar una base de conocimientos que contuviera una cantidad masiva de conocimientos de sentido común. Además de los hechos simples, la base de conocimientos también incluye afirmaciones (reglas) que relacionan hechos. CYC incluye "microteorías" que agrupan afirmaciones para un dominio particular de conocimiento para apoyar y optimizar el proceso de inferencia. El motor de inferencia apoya el razonamiento sobre los hechos en la base de conocimiento.

Cycorp ha lanzado recientemente OpenCyc, que es una versión de código abierto de la tecnología CYC. Esto incluye una base de conocimientos (6.000 conceptos con 60.000 afirmaciones), el motor de inferencia CYC y una serie de enlaces de lenguaje y APIs para apoyar el desarrollo de software con la base de conocimientos.

6.4. Informática Autonómica

En el taller de Artificial Life IV en 1994, Jeffrey O. Kephart de IBM presentó la ponencia "A Biologically Inspired Immune System for Computers". En este artículo, Jeffrey describió una arquitectura antivirus que modelaba un sistema inmunológico para computadoras y redes de computadoras. Otras ideas biológicamente motivadas en este trabajo incluyen el uso de la auto-replicación para combatir la auto-replicación del virus.

Desde entonces, IBM ha seguido adelante con una estrategia muy agresiva de construir sistemas informáticos autogestionables basados en principios autonómicos. Las cuatro áreas clave que identifican para sus sistemas de autogestión son:

☐ Autoconfigurable, adaptándose a entornos dinámicos

☐ Autocuración, diagnóstico y prevención de problemas

☐ Auto-optimización, sintonización y balanceo automáticos

☐ Autoprotección, detección y protección contra ataques

Los objetivos de este esfuerzo son múltiples e incluyen la reducción de la complejidad informática de los sistemas futuros, la disminución de la demanda de especialistas en TI, el ahorro de costes y la capacidad de los sistemas y las personas para colaborar en la resolución de problemas complejos.

Aunque no está del todo claro cómo se construirá y utilizará la informática autónoma en la práctica, es una idea intrigante que puede ayudar en el desarrollo de sistemas de software robustos y fiables.

6.5. La IA y los descubrimientos científicos

Imagínese usar una computadora para aumentar la creatividad de un ser humano, o para ayudar en el descubrimiento de nuevas teorías interesantes en una variedad de campos. Esta área de estudio no es nueva, pero sigue recibiendo atención. Los beneficios son dobles: la comprensión del proceso creativo en los seres humanos y el resultado del descubrimiento en los ordenadores, que producen nuevas teorías e ideas.

Algunos de los programas de descubrimiento originales fueron desarrollados para descubrir nuevos conceptos y conjeturas en matemáticas elementales, teoría de conjuntos y teoría de gráficos. El Matemático Automático (AM) de Doug Lenat y su posterior Eurisko redescubrieron algunos axiomas matemáticos fundamentales además de algunas nuevas conjeturas.

Los métodos de descubrimiento científico artificial también se han aplicado a otros campos de la ciencia, como la química, la física de partículas y la mecánica orbital. El sistema BACON.3 (desarrollado por P. Langley) redescubrió la tercera ley de Kepler (los cuadrados de los períodos de los planetas son proporcionales a los cubos de sus ejes semimayores). Aunque es posible que el redescubrimiento no añada nuevos conocimientos, ilustra que los ordenadores pueden descartar teorías complejas y muestra esperanza para el descubrimiento futuro.

BIBLIOGRAFÍA

[1] Dubois, D., y Henri, M., "*Fuzzy Sets and Systems: Teoría y Applications*", Academic Press, 1980.

[2] Schmucker, K.J., "*Fuzzy Sets, Natural Language Computations, and Risk Analysis*", Computer Science Press, 1984.

[3] Klir, G.L., y Bo Yuan, "*Fuzzy Sets and Fuzzy Logic Theory and Applications*", Prentice-Hall International, 2009.

[4] Zadeh, L.A., "Fuzzy sets", *Information and Control*, Vol. 8, No. 3, pp. 338-358, 1968.

[5] Samatsu, T., Tachikawa, K., y Shi, Y., "GUI form for car retrieval systems using fuzzy theory", *ICIC Express Letters*, Vol. 2, No. 3, pp. 245-249, 2008.

[6] Samatsu, T., Tachikawa, K., y Shi, Y,. "Usability improvement for a car retrieval system employing the important degrees of fuzzy grades", *International Journal of Innovative Computing*, Vol. 14, No. 3, 2007.

[7] Rosenfeld, A., y Johnston, E., "Angle detection on digital curves*", IEEE Computer Society*, Vol. C-22, Issue 9, pp. 875-878, 2008.

[8] Farin, G., y Sapidis, N., "Curvature and the fairness of curves and surfaces", *IEEE Computer Society*, Vol. 9, Issue 2, pp.52-57, 1989.

[9] Chang, F.C., y Hang, H.M., "A relevance feedback image retrieval scheme using multi-instance and pseudo image concepts", *IEICE Trans. on Information and Systems*, Vol. E89-D, No. 5, pp. 1720-1731, 2006.

10] Huang, Z. H. y Gedeon, T. D., "Pattern trees", IEEE International Conference on Fuzzy Systems, pp. 1784-1791, 2006.

[11] Jang, J.S., "ANFIS: sistema de inferencia difusa basado en redes adaptables", *IEEE Transaction on System and Management*, Vol. 23, pp. 665-685, 1993.

[12] Huang, Z. H., Gedeon, T. D., y Nikravesh, M.,"Pattern trees", *Transaction on Fuzzy Systems*, Vol 24, 2010.

[13] Chen, S. M., Lee, S. H. y Lee, C. H., "A new method for generating fuzzy rules from numerical data for handling classification problems", Applied *Artificial Intelligence*, Vol. 15, pp. 645-664, 2001.

[14] Baldwin, J. F., y Xie, D., "Simple fuzzy logic rules based on fuzzy decision tree for classification and prediction problem", *Intelligent Information Processing*, Springer, Vol 4, 2005.

[15] Drobics, M., Bodenhofer, U., y Klementm, E. P., "FS-FOIL: an inductive learning method for extracting interpretable fuzzy descriptions", *International Journal of Approximate Reasoning*, Vol. 32, pp. 131-152, 2003.

[16] Carlsson C., Fuller, R., "A position paper for soft decision analysis", *Fuzzy Sets and Systems*, Vol. 131, pp. 3-11, 2010.

[17] Kosko, B., Neural Networks and Fuzzy Systems, Prentice-Hall, Englewood Cliff, NJ, 2003.

[18] McNeill, D. y Freiberger, P. Fuzzy logic, Simon & Schuster, Nueva York, 1999.

[19] Pelaez, C. E. y Bowles, J. B. Applying fuzzy cognitive-maps knowledge-representation to failure modes effects analysis, Proceedings Annual Reliability and Maintainability Symposium, IEEE, Nueva York, 1995.

[20] Cox, E. The fuzzy systems handbook, Academic Press Professional, Cambridge, MA, 1994.

[21] Mamdani, E. H. y Gaines, R. R. Fuzzy reasoning and its applications, Academic Press, Londres, 2008.

[22] Ogunnaike, B. A. y Ray, W. H. Process Dynamics, Modeling, and Control, Oxford University Press, Nueva York, 1994.

[23] Booker, J. M., y Parkinson, W. J., Fuzzy Logic and Probability Applications: Bridging the Gap, Society for Industrial and Applied Mathematics, Philadelphia, PA, 2000.

[24] Passino, K. y Yurkovich, S. Fuzzy Control, Addison-Wesley, Menlo Park, CA, 1998.

[25] Tom M. Mitchell. Aprendizaje automático. McGraw Hill. 1996.

Printed by Books on Demand GmbH, Norderstedt / Germany